机械类"3+4"贯通培养规划教材

机械工程材料基础

主　编　安美莉

副主编　贺军鹏　张　燕

科学出版社

北京

内 容 简 介

　　本书是机械类"3+4"贯通培养的学生在中等职业学校阶段学习的专业课之一,主要内容包括金属材料及其来源、金属材料的性能、金属的晶体结构与结晶、铁碳合金相图、碳素钢、钢的热处理、低合金钢和合金钢、铸铁、有色金属及其合金、非金属材料。各章后面附有本章小结和思考与练习。为了拓展"3+4"学生的知识面,为大学阶段专业课的学习打下良好的基础,各章增加了拓展阅读环节。

　　本书适用于中等职业学校机械相关专业的学生使用。

图书在版编目(CIP)数据

机械工程材料基础/安美莉主编. —北京:科学出版社,2018.10
机械类"3+4"贯通培养规划教材
ISBN 978-7-03-058941-5

Ⅰ.①机… Ⅱ.①安… Ⅲ.①机械制造材料—中等专业学校—教材
Ⅳ.①TH14

中国版本图书馆 CIP 数据核字(2018)第 219263 号

责任编辑:邓 静 张丽花 陈 琼 / 责任校对:王萌萌
责任印制:吴兆东 / 封面设计:迷底书装

科学出版社 出版
北京东黄城根北街 16 号
邮政编码:100717
http://www.sciencep.com

北京捷迅佳彩印刷有限公司 印刷
科学出版社发行 各地新华书店经销
*
2018 年 10 月第 一 版 开本:787×1092 1/16
2019 年 7 月第二次印刷 印张:10
字数:252 000

定价:39.00 元
(如有印装质量问题,我社负责调换)

机械类"3+4"贯通培养规划教材

编 委 会

前　　言

为了适应中等职业教育教学改革和发展的需要，编者在认真学习并总结各类职业学校同类教材编写经验的基础上，根据"3+4"贯通分段培养教学大纲的要求，编写了本书。

本书贯彻了以提高学生全面素质为主要目的，以培养学生的能力为教学指导思想，注重学生在理论知识、技能方面的培养；内容以强化能力、扩大知识面为原则，为学生学习其他专业课程、增强职业应变能力打下基础。本书突出了职业学校的教育特色，较多地配置了图片、实物照片，增强了相关知识点的直观性；注重吸取相关教材的优点，增加了新知识、新工艺、新技术、新标准；名词术语、材料的分类与牌号及其他相关的标准均采用最新的国家标准。本书每章配有拓展阅读、本章小结、思考与练习等相关环节，以达到学生对相关知识的巩固和提高的目的。

本书参考学时为 64 学时，各章的参考学时见下面的学时分配表。

学时分配表

课程内容	学时分配
第 1 章　金属材料及其来源	2
第 2 章　金属材料的性能	4
第 3 章　金属的晶体结构与结晶	2
第 4 章　铁碳合金相图	8
第 5 章　碳素钢	6
第 6 章　钢的热处理	10
第 7 章　低合金钢和合金钢	18
第 8 章　铸铁	8
第 9 章　有色金属及其合金	4
*第 10 章　非金属材料	2
合计	64

*选学内容。

本书由安美莉任主编，贺军鹏、张燕任副主编。本书编写过程中参阅了部分同类书籍，在此向有关的编者表示感谢！

由于编写水平有限，书中难免有疏漏和不足之处，恳请读者批评指正。

编　者
2018 年 5 月

目　　录

绪　　论

0.1　金属材料与热处理的发展史

人类社会的发展历程，是以材料为主要标志的。历史上，材料被视为人类社会进化的里程碑。对材料认识和利用的能力，决定着社会形态和人类生活的质量。100 万年以前，原始人以石头作为工具，称为旧石器时代。1 万年以前，人类对石器进行加工，使之成为器皿和精致的工具，从而进入新石器时代。现在考古发掘证明我国在八千多年前已经制成实用的陶器，在六千多年前已经冶炼出黄铜，在四千多年前已有简单的青铜工具，在三千多年前已用陨铁制造兵器。18 世纪的工业革命使人类使用材料的历史产生了重大突破，人类掌握了炼钢的方法。钢铁时代的到来和蒸汽机的发明，使人类的生产力有了空前的发展，人们不再简单地使用工具，而开始使用真正意义的机器，这标志着工业时代的来临。20 世纪中叶以后，科学技术迅猛发展，新材料又出现了划时代的变化。首先是人工合成高分子材料问世，并得到广泛应用。仅半个世纪，高分子材料已与有上千年历史的金属材料并驾齐驱，它的年体积产量超过了钢，成为国民经济、国防尖端科学和高科技领域不可缺少的材料。其次是陶瓷材料的发展。陶瓷是人类最早利用自然界所提供的原料制造而成的材料。合成化工原料和特殊制备工艺的发展，使陶瓷材料产生了一个飞跃，许多新型功能陶瓷形成了产业，满足了电力、电子技术和航天技术的发展与需要。现在人们也按化学成分将材料划分为金属材料、无机非金属材料和有机高分子材料三大类以及它们的复合材料。金属基复合材料(Metal Matrix Composit，MMC)因其良好的性能而得到了人们广泛的关注。它是一类以金属或合金为基体，以金属或非金属线、丝、纤维、晶须或颗粒状组分为增强相的非均质混合物，其共同点是具有连续的金属基体。目前，特别是航空航天部门推进系统使用的材料，其性能已经达到了极限。因此，研制工作温度更高、比刚度和比强度大幅度增加的金属基复合材料，已经成为发展高性能结构材料的一个重要方向。

从石器时代进入铜器时代和铁器时代的过程中，热处理的作用逐渐为人们所认识。早在公元前 770～公元前 222 年，中国人在生产实践中就已发现，铜铁的性能会因温度和加压变形的影响而变化。白口铸铁的柔化处理就是制造农具的重要工艺。公元前 6 世纪，钢铁兵器逐渐采用，为了提高钢的硬度，淬火工艺得到迅速发展。中国河北省易县燕下都出土的两把剑和一把戟，其显微组织中都有马氏体存在，说明是经过淬火的。随着淬火技术的发展，人们逐渐发现淬冷剂对淬火质量的影响。三国蜀人蒲元曾在陕西斜谷为诸葛亮打制 3000 把刀，相传是其派人到成都取水淬火的。这说明中国在古代就注意到了不同水质的冷却能力。我国西汉(公元前 202～公元 8 年)中山靖王墓中出土的宝剑，心部含碳量为 0.15%～0.4%，而表面含碳量却达 0.6%以上，说明已应用了渗碳工艺。但当时作为个人"手艺"的秘密，不肯外传，因而发展很慢。1863 年，英国金相学家和地质学家展示了钢铁在显微镜下的六种金相组织，证明了钢在加热和冷却时，内部会发生组织改变，钢中高温时的相在急冷时转变为一种较硬的相。法国人奥斯蒙德确立的铁的同素异构理论，以及英国人奥斯汀最早制定的铁碳相图，为现代热处理工艺初步奠定了理论基础。20世纪以来，金属物理学的发展和其他新技术的移植应用，使金属热处理工艺得到更大发展，激光、电子束技术的应用，又使金属获得了新的表面热处理和化学热处理方法。

0.2 本课程的性质、任务

本课程是一门从生产实践中发展起来的，又直接为生产服务的机械专业的专业技术基础课。通过本课程的学习，学生初步掌握热处理基本原理及其工艺，以及常用金属材料的牌号、性能和用途，为正确选择和合理使用材料建立必要的基础。

通过本课程的学习，学生应达到下列基本要求：

(1) 掌握金属材料的力学性能，了解金属材料的工艺性能；

(2) 了解铁碳合金及其相图的基本理论，为进一步学习热处理和金属材料知识打下基础；

(3) 掌握常用金属材料的牌号、性能、用途，初步具有合理选择常用金属材料的能力；

(4) 掌握金属材料常用热处理的概念、目的，了解热处理在零件加工过程中的作用，能根据零件的技术条件选用合理的热处理方法，初步具有合理安排零件的加工路线的能力；

(5) 了解与本课程相关的新材料、新技术、新方法。

第1章　金属材料及其来源

1.1　金属材料及其分类

1.1.1　金属材料

金属是指具有特殊光泽，有良好的导电性、导热性，有一定的强度和塑性的物质，如金（Au）、银（Ag）、铜（Cu）、铁（Fe）、铝（Al）、锰（Mn）、锌（Zn）等。

金属材料是指由金属元素或以金属元素为主、其他金属或非金属元素为辅构成的，具有金属特性的材料的统称，包括纯金属和合金。

纯金属是指不含其他杂质或其他金属成分的金属。纯金属的力学性能不高，实际上，工程中使用的金属材料都是合金，例如，工业上常用的生铁和钢就是铁碳合金。

金属材料，尤其是钢铁材料在国民经济及其他方面都有重要作用，这是由于它具有比其他材料优越的性能，如物理性能、化学性能、力学性能和工艺性能。

1.1.2　金属材料的分类

金属材料最常见的分类是按照其最高价氧化物的颜色分为三大类，即黑色金属材料（黑色金属）、有色金属材料（有色金属）和特种金属材料（特种金属）。

1. 黑色金属

黑色金属又称为钢铁材料，广义的黑色金属还包括锰、铬（Cr）以及它们的合金。黑色金属的命名来源于钢铁表面常常被一层黑色的 Fe_3O_4 膜覆盖，而锰和铬常用来与铁制成合金钢，故将锰、铬、铁一起统称为黑色金属，如生铁、钢、铁碳合金等。

1）生铁

生铁是含碳量大于 2.11% 的铁碳合金，工业生铁含碳量一般为 2.5%～4%，并含 C、Si、Mn、S、P 等元素，是用铁矿石经高炉冶炼的产品。生铁是高炉产品，按其用途可分为炼钢生铁和铸造生铁两大类。习惯上把炼钢生铁称为生铁，把铸造生铁称为铸铁。炼钢生铁里的碳主要以渗碳体的形态存在，其断面呈白色，通常又称白口铁。这种生铁性能坚硬而脆，一般都作为炼钢的原料。铸造生铁中的碳以石墨形态存在，它的断口为灰色，通常又称灰口铁，加工性能好，可用于生产各种铸铁。

2）钢

钢是含碳量为 0.0218%～2.11% 的铁碳合金。通常将其与铁合称为钢铁，为了保证其韧性和塑性，含碳量一般不超过 1.4%。钢的主要元素除铁、碳外，还有硅、锰、硫、磷等。钢以其低廉的价格、可靠的性能成为世界上使用最多的材料之一，是建筑业、制造业和人们日常生活中不可或缺的成分，可以说钢是现代社会的物质基础。

2. 有色金属

狭义的有色金属又称非铁金属，是铁、锰、铬以外的所有金属的统称。广义的有色金属还包括有色合金。有色合金是以一种有色金属为基体（通常含量大于 50%），加入一种或几种其他元素而构成的合金。有色金属通常指除铁(有时也除锰和铬)和铁基合金以外的所有金属,通常又将其分为轻金属、重金属、贵金属、稀有金属等。有色金属中除金为黄色、铜为赤红色以外,多数呈银白色。有色合金的强度和硬度一般比纯金属高,并且电阻大、电阻温度系数小。

1) 重金属

重金属一般是指 $\rho > 4.5 \mathrm{g/cm}^3$ 的有色金属,包括元素周期表中的大多数过渡元素,如铜、锌、铅(Pb)等。重金属主要用作各种用途的镀层及多元合金。

2) 轻金属

轻金属一般是指 $\rho < 4.5 \mathrm{g/cm}^3$ 的有色金属,如铝、镁(Mg)、钙(Ca)、钾(K)、钠(Na)等。工业上常采用电化学或化学方法对 Al、Mg 及其合金进行加工处理,以获得各种优异的性能。

3) 贵金属

贵金属在地壳中含量少、提取困难、价格较高、密度大、化学性质稳定,如金、银、铂(Pt)等。工业上常采用电镀方法在价格低廉的基体上获得贵金属的薄镀层,以满足高稳定性、电接触性能以及贵重装饰品的需求。

4) 稀有金属

一般是指在自然界中含量较少、分布稀散、研究应用较少的有色金属。稀有金属包括稀土金属、放射性稀有金属、稀有贵金属、稀有轻金属、难熔稀有金属及稀有分散金属等。

3. 特种金属

特种金属包括不同用途的结构金属和功能金属,其中有通过快速冷凝工艺获得的非晶态金属材料,以及准晶、微晶、纳米晶金属材料等;还有隐身、抗氢、超导、形状记忆、耐磨、减振阻尼等特殊功能合金,以及金属基复合材料等。

机械行业中,常用的金属材料分类如图 1.1 所示。

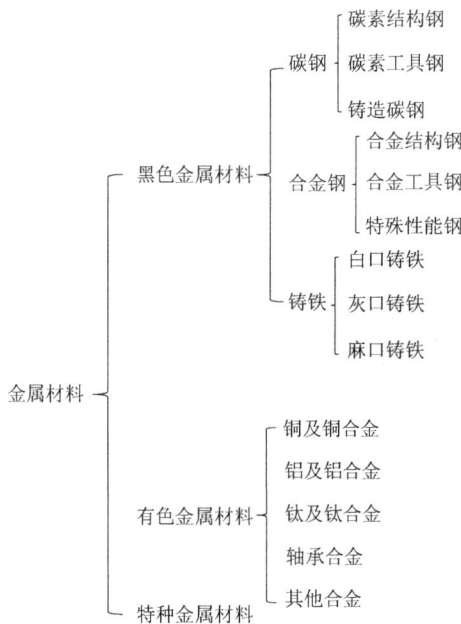

图 1.1　金属材料的分类

1.2　金属材料的来源

金属材料一般从矿石中提取。钢铁材料具有比其他金属材料更为优越的综合性能，在机械制造行业中应用最为广泛，以钢铁材料为例介绍金属材料生产过程。

钢铁材料是铁和碳的合金。钢铁材料按含碳量进行分类，通常含碳量小于 2.11% 的钢铁材料称为钢，含碳量大于 2.11% 的钢铁材料称为白口铸铁或生铁。

生铁是由铁矿石经高炉冶炼而获得的，它是炼钢和铸件生产的主要原材料。

钢材生产以生铁为主要原料，首先将生铁装入高温的炼钢炉里，通过氧化作用降低生铁中碳和杂质的质量分数，获得所需要的钢液，然后将钢液浇注成钢锭或连铸坯，再经过热轧或冷轧后，制成各种类型的型钢。图 1.2 为钢铁材料生产过程示意图。

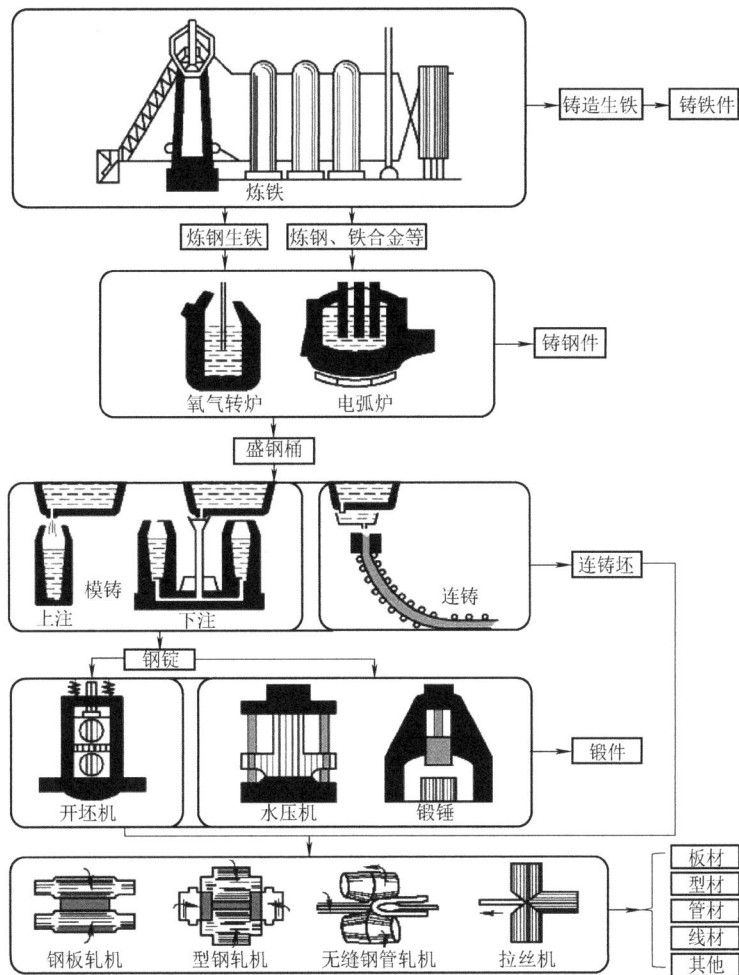

图 1.2　钢铁材料生产过程示意图

1.2.1　炼铁

炼铁用的原料主要是含铁的氧化物。炼铁的实质就是从铁矿石中提取铁及有用元素并形成生铁的过程。现代炼铁的主要方法是高炉炼铁。

1. 炼铁的原料

高炉炼铁的炉料主要是铁矿石、燃料(焦炭)和熔剂(石灰石)。

1)铁矿石

含铁比较多且有冶炼价值的矿物有赤铁矿石、磁铁矿石、菱铁矿石、褐铁矿石等。铁矿石中除含有铁的氧化物以外,还含有硅、锰、硫、磷等元素的氧化物杂质,这些杂质称为脉石。

2)焦炭

焦炭作为炼铁的燃料,一方面为炼铁提供热量,另一方面焦炭在不完全燃烧时所产生的CO,又作为使氧化铁和其他金属元素还原的还原剂。

3)熔剂

熔剂的作用是使铁矿石中的脉石和焦炭燃烧后的灰分转变成密度小、熔点低和流动性好的炉渣(漂浮在钢液表面),并使之与铁液分离。常用的熔剂是石灰石($CaCO_3$)。

2. 炼铁的过程

高炉生产时从炉顶装入铁矿石、焦炭、造渣用熔剂(石灰石),从炉子下部沿炉周的风口吹入经预热的空气。在高温下,焦炭(有的高炉也喷吹煤粉、重油、天然气等辅助燃料)中的碳同空气中的氧气燃烧生成一氧化碳,在炉内上升过程中除去铁矿石中的氧,从而还原得到铁。炼出的铁水从出铁口放出。铁矿石中不还原的杂质和石灰石等生成炉渣,从出渣口排出。产生的煤气从炉顶导出,经除尘后,作为热风炉、加热炉、焦炉、锅炉等的燃料。图1.3为炼铁高炉示意图。

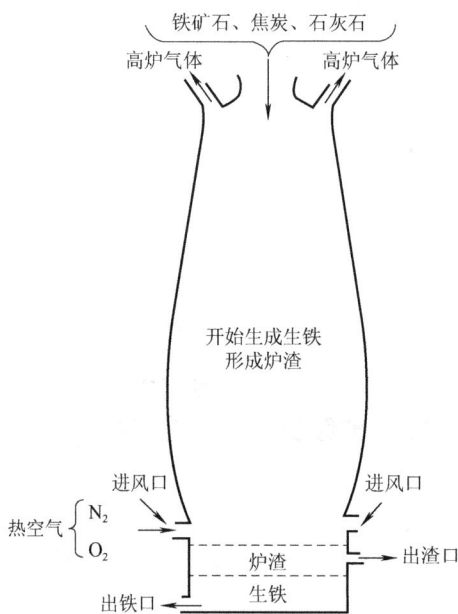

图 1.3　炼铁高炉示意图

3. 高炉产品

高炉冶炼出的铁不是纯铁,其中含有碳、硅、锰、硫、磷等杂质元素,这种铁称为生铁。生铁是高炉冶炼的主要产品。根据用户的不同需要,生铁可分为两类:铸造生铁和炼钢生铁。

铸造生铁的断口呈暗灰色，硅的质量分数较高，主要用于生产复杂形状的铸件。炼钢生铁的断口呈亮白色，硅的质量分数较低（$w_{Si}<1.5\%$），用来炼钢。

高炉炼铁产生的副产品主要是炉气和炉渣。高炉排出的炉气中含有大量的一氧化碳（CO）、甲烷（CH_4）和氢气（H_2）等可燃性气体，具有较高的经济价值，可以回收利用。高炉炉渣的主要成分是氧化碳（CaO）和二氧化硅（SiO_2），它们可以回收利用，用于制造水泥、渣棉和渣砖等建筑材料。

1.2.2　炼钢

生铁虽然用途较广，但由于其脆性较大，使用时有一定的局限性。因此应用较为广泛的是钢。

炼钢以生铁（铁液或生铁锭）和废钢为主要原料，此外，还需要加入熔剂（石灰石、萤石）、氧化剂（O_2、铁矿石）和脱氧剂（铝、硅铁、锰铁）等。炼钢的主要任务是把生铁熔化成液体，或直接将高炉铁液注入高温炼钢炉中，利用氧化作用将碳及其他杂质元素减少到规定的化学成分范围之内，以获得需要的钢材。因此，用生铁炼钢实质上是一个氧化过程。

1. 炼钢方法

现代炼钢方法主要有氧气转炉炼钢法和电弧炉炼钢法。目前，氧气转炉炼钢是冶炼普通钢的主要手段；电弧炉炼钢主要用于冶炼高质量合金钢种。

2. 钢的脱氧

钢液中的过剩氧气与铁生成氧化物，对钢的力学性能会产生不良的影响，因此，必须在浇注前对钢液进行脱氧处理。按钢液脱氧程度的不同，钢可分为镇静钢（Z）、沸腾钢（F）、半镇静钢（b）、特殊镇静钢（TZ）四种。

1）镇静钢

镇静钢指脱氧完全的钢。钢液冶炼后期用锰铁、硅铁和铝块进行充分脱氧，钢液在钢锭模内平静地凝固。这类钢锭的化学成分均匀、内部组织致密、质量较高。但由于钢锭头部形成较深的缩孔，轧制时需要切除，因此，钢材浪费较多。

2）沸腾钢

沸腾钢指脱氧不完全的钢。钢液在冶炼后期仅用锰铁进行不充分的脱氧。钢液浇入钢锭模后，钢液中的氧化铁（FeO）和碳相互作用，脱氧过程仍在进行（$FeO+C \longrightarrow Fe+CO\uparrow$），生成的 CO 气体引起钢液沸腾现象，故称沸腾钢。钢液凝固时大部分气体逸出，少量气体封闭在钢锭内部，形成许多小气泡。这类钢锭缩孔较小，切头浪费少。但是，钢的化学成分不均匀，组织不够致密，质量较差。

3）半镇静钢

半镇静钢的脱氧程度和性能状况介于镇静钢与沸腾钢之间。

4）特殊镇静钢

特殊镇静钢的脱氧质量优于镇静钢，其内部材质均匀，非金属夹杂物含量少，能满足特殊需要。

3. 钢的浇注

钢液经脱氧后，除少数用来浇注成铸钢件外，其余都浇注成钢锭或连铸坯。钢锭用于轧钢或锻造大型锻件的毛坯。连铸坯由于生产率高、钢坯质量好、节约能源、生产成本低，得到广泛采用。

4. 炼钢的最终产品

钢锭经过轧制最终形成板材、管材、型材、线材及其他类型的材料。

1) 板材

板材一般分为厚板和薄板。4~60mm 为厚板，常用于造船、锅炉和压力容器；4mm 以下为薄板，分为冷轧钢板和热轧钢板。薄板轧制后可直接交货或经过酸洗镀锌或镀锡后交货使用。

2) 管材

管材分为无缝钢管和有缝钢管两种。无缝钢管用于石油、锅炉等行业；有缝钢管用带钢焊接而成，用于制作煤气及自来水管道等。有缝钢管生产率较高、成本低，但质量和性能与无缝钢管相比稍差。

3) 型材

常用的型材有方钢、圆钢、扁钢、角钢、工字钢、槽钢、钢轨等。

4) 线材

线材是用圆钢或方钢经过冷拔而成的。其中的高碳钢丝用于制作弹簧丝或钢丝绳，低碳钢丝用于捆绑或编织等。

5) 其他材料

其他材料主要是指要求具有特种形状与尺寸的异形钢材，如车轮箍、齿轮坯等。

拓 展 阅 读

古代铁匠都是怎么炼铁铸剑的？

中国在古代那诸侯纷争的年代，已拥有数十万计的应征军队，要把这样庞大的军队武装起来，就必须拥有一个能够大批量生产冷兵器的生产体系。为了大批量制造冷兵器，除制造冷兵器本身是一种高科技外，冷兵器的制造原材料——铁，特别是能够大量提供钢铁的工业是必不可少的。即使在今天，钢铁也是制造各种兵器最重要的材料。

根据官方掌握的铁产量数字（国家直接掌控经营的炼铁厂的产量和民间炼铁厂生产的铁所交纳的税额），在唐朝已达到 1200 吨左右，宋朝为 4700 吨左右，明朝开国初期为 11000 吨左右，最高达到 40000 吨。2015 年中国粗钢产量 8.038 亿吨，余下排名分别是日本 1.05 亿吨、印度 0.896 亿吨、美国 0.789 亿吨、俄罗斯 0.711 亿吨，中国钢铁产量占世界 1/2 以上。

根据所查阅的材料，在 13 世纪，中国已是世界上最大的铁生产国和消费国，直到 17 世纪仍保持着这一领先的地位。从汉朝到明朝，中国不仅在钢铁产量上处于世界领先地位，而且拥有世界上最先进的钢铁冶炼技术。

中国关于铁的冶炼使用，也是从陨石提供的陨铁开始的。而正式开始铁的生产，是在战国时期，这从出土的古兵器文物中已得到证实。但是在战国时期，制造兵器原材料还不能认为已经完全从青铜发展到钢铁的阶段。因为在当时，钢铁的生产技术尚未成熟。

到了一统天下的秦朝，从钢铁的生产技术上来说，仍处于不完善阶段。汉朝以后，用于生产冷兵器的主要金属已从青铜发展到钢铁。由此可以证明，这时中国已经掌握了很高的炼铁技术，能够大量生产钢铁了。

中国的炼铁技术能够居于世界领先地位，是和自古以来科技的不断进步分不开的，这可以从以下三点得到证实。

第一，能够制造1200℃以上的高温炼铁炉，从而可以进行钢铁高温下的精炼，这是关键。

第二，发明了向高温炼铁炉输送充足空气的装置——风箱，从而实现了高温下的冶炼。此外，在炼钢方面，能够连续地供给足够空气(即始终维持高温冶炼)的高性能风箱早在公元前就开始出现了，而且不久又出现用水力(古代称为水排)和动物力量(称为马排)取代人力的鼓风装置，极大地提高了高温炼铁炉的供氧能力。

第三，中国早从古代就不使用木炭，而是把热量高的煤炭作为炼铁的燃料。到了北宋时期，已经普遍使用煤炭来炼铁了。利用优质煤炭炼铁的优点，就是能够很容易地得到理想高温冶炼效果。用优质煤炭作为炼铁燃料，还有减少生产工序等其他方面的优点。此外，如果用优质木炭作为燃料，就需要砍伐大量的标木来烧炭，费时费力，这就明显限制了炼铁厂的选地条件。而使用优质煤炭作为燃料，就没有这个限制了。

如果在相对低温(800～900℃)条件下熔化铁矿石，含碳量就低，而其他无用化学成分反而增多，炼出来的铁就会像软木一样发软。通过把铁矿进行反复锻造，除去多余影响铁质的有害化学成分，提高含碳量就能提高钢铁的硬度，近似炼钢生产技术早在战国时期就开始出现了。到了汉朝，这种提高钢铁性能的锻造技术已经相当普及了。从实践操作中，人类又懂得了通过反复折叠锤打就能提高钢铁的硬度和韧性这个道理。

从汉朝开始，人们就掌握了根据不同用途控制加热和锻造次数的技术，当时汉朝已出现的百炼钢就证明了一切，"百炼成钢"这句成语就充分显示了当时中国铁匠的聪明才智。

锻打可排除钢中夹杂物、提高韧性，从而使其成分趋于均匀、组织趋于致密、细化晶粒、改善钢的性能。古代铁匠常把精铁加热锻打上百次即成百炼钢，魏晋时期是百炼钢的鼎盛时期。唐宋之后，灌钢工艺发展普及，百炼钢因生产费时费力有所减少。

由于风箱和高温炼铁炉的普及使用，人们又发明了在低温条件下的化铁方法。在汉朝就能生产含碳量高(含碳量超过2%)的生铁，而且很快又发明了使用这种生铁进行锻造的技术。含碳量高的生铁发脆而沉重，而中国早在古代就能制造含碳量比较低、具有接近钢性能的可锻性好的可锻铸铁。虽然不能用这种铸铁作为冷兵器的刃，但满足了大量生产农具等铁制品的需要。

既然能生产生铁，也就出现了把含碳量控制在2%以下，用于制造冷兵器刃所用材料的炼钢技术。起初，是把生铁放在提炼炉里进行再加热，用风箱鼓进大量空气，使不必要成分燃烧来炼钢的。进而在实践中，又发明了把提炼中的铁用风箱吹入各种微量元素(如碳粉)来控制铁的性质，即传说中的"炒钢法"，从而能够生产质量稳定而且含碳量较低的生铁和含碳量高的钢。不久人们又发明了能够高效率大量提炼高质量钢的生产技术——"灌钢法"，这是一种在提炼出几乎不含碳成分的熟铁的同时提炼出钢的生产方法。这种新的炼钢方法出现在晋朝。采用这种技术生产的钢，又称宿铁，是制造冷兵器最理想的材料。

把加热的铁急剧冷却、提高物理硬度的淬火技术，早在中国古代就为铁匠所掌握，并普遍采用这种处理方法来提高兵刃的物理硬度。在淬火处理中，如果在冷却用水中加入微量的水以外的成分(如不同比例的动物油脂、尿液、硝盐或其他化学物质)，将会显著提高铁的物理硬度。关于这一点，从东汉末期到三国时期，中国的铁匠已经从实践中有了这方面的经验。他们在对兵刃进行淬火处理时，就很注意对冷却用水河流的选取(必须是阴寒沉稳的活水)。

汉朝百炼花纹钢是将炒钢经反复折叠锻打变形而制成的钢。其特点是反复低温加热锻打。

到了 6 世纪(隋朝和南北朝)，人们不仅用水来冷却淬火，而且把野兽的尿液或脂肪熬炼的油脂、特殊植物煎熬出的汁液等(总之是做梦也难以想到的东西)作为冷却用水，用于冷兵器淬火处理上。

铸造出的生铁铁锭，含碳量在 2%以上，质地坚硬、耐磨、脆而不易锻压，多用于制作大件。

经过淬火处理后的铁，确实提高了硬度，但是也变脆了。为解决这个难题，北宋时期开始采用对铁不加热直接锻造的冷锻法，经过这样锻造的铁，不仅表面又黑又亮，而且特别刚硬。这就向能够制造表面乌亮、坚硬且具有很好韧性的优质钢迈进了重要的一大步。最早发现这种锻造工艺的是藏族人，由于通商往来，才传到北宋汉人聚居区域。当时，就采用这种冷锻方法制造了大量的高质量铠甲装备军队。

本 章 小 结

(1)金属材料通常分为钢铁材料(又称黑色金属)、非铁金属(又称有色金属)和特种金属。

(2)钢铁材料是由铁、碳及硅、锰、磷、硫等杂质元素所组成的金属材料；生铁由铁矿石原料经高炉冶炼获得，炼铁的实质就是从铁矿石中提取铁及其有用元素并形成生铁的过程；炼钢以生铁(铁液或生铁锭)和废钢为主要原料，主要任务是把生铁熔化成液体，或直接将高炉铁液注入高温炼钢炉中，以获得需要的钢材。

思 考 与 练 习

1.1 什么是金属材料？它可分为哪几类？

1.2 什么是钢铁材料？

1.3 炼铁的原料有哪些？炼铁的实质是什么？

1.4 什么是炼钢？

1.5 按脱氧程度的不同，钢锭分为哪几类？

1.6 炼钢的最终产品有哪些？

第2章　金属材料的性能

金属材料是现代机械制造业的基本材料，它具有许多良好的性能，广泛地应用于各个领域。金属材料的性能包含使用性能和工艺性能两个方面。

使用性能是指金属材料在使用过程中所表现出来的性能，包括物理性能(密度、熔点、导电性、导热性、热膨胀性、磁性等)、化学性能(耐蚀性、抗氧化性、化学稳定性等)和力学性能等。金属材料的使用性能决定了它的使用范围与使用寿命，其中力学性能是零件设计和选材时的主要依据。

工艺性能是指金属材料在加工制造过程中所表现出来的性能，是对不同加工工艺的适应能力，它包括铸造性能、焊接性能、压力加工性能、切削加工性能、热处理性能等。

2.1　金属材料的力学性能

金属的力学性能是指金属在外力(载荷)的作用下所表现出来的性能，主要有强度、塑性、硬度、韧性和疲劳强度等性能指标。金属材料的力学性能是非常重要的，机械设备及工具设计制造中的材料选择大多以力学性能为主要依据，力学性能也是金属材料质量的主要判据，还是对产品加工过程实施质量控制的重要参数。因此，熟悉和掌握金属材料的力学性能具有重要的意义。

1. 载荷

金属材料在加工或使用过程中所受的外力称为载荷。根据作用性质不同，可将载荷分为静载荷、冲击载荷和交变载荷三种。

(1)静载荷是指大小不变或变化缓慢的载荷，如机床不工作时机床床身对齿轮箱的支持力。

(2)冲击载荷是指在短时间内以较高速度作用于零件上的载荷，如锻造时空气锤锤头落下，毛坯所受到的载荷。

(3)交变载荷是指物体受到大小、方向随时间而发生周期性变化的载荷，如汽车运动过程中齿轮箱内的各齿轮所受到的载荷。

载荷作用在材料上的方式主要有拉伸、压缩、弯曲、剪切、扭转等，在不同载荷作用下，材料产生的变形也不同，如图2.1所示。

2. 变形

金属材料在外力作用下所发生的几何形状和尺寸的变化称为变形。按去除载荷后变形能否完全回复，可将变形分为弹性变形和塑性变形两种。

(1)弹性变形是指随载荷的去除而消失的变形。

(2)塑性变形也称为永久变形，是指不能随载荷的去除而消失的变形。

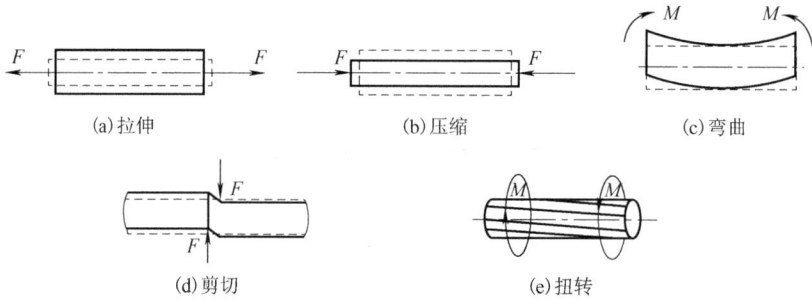

图 2.1　金属材料受载荷变形示意图

3. 应力

金属材料受外力作用时，材料内部之间的相互作用力称为内力，其大小和外力相等，方向相反。单位面积上的内力称为应力，用 σ 表示，其计算公式如下：

$$\sigma = \frac{F}{S} \tag{2-1}$$

式中，σ 为应力，单位为 Pa，当面积单位为 mm^2 时，则应力单位为 MPa（$1Pa = 1N/m^2$；$1MPa = 1N/mm^2 = 10^6\ Pa$）；$F$ 为外力，单位为 N（外力的大小等于内力）；S 为面积，单位为 mm^2。

2.1.1　强度

材料在外力作用下抵抗塑性变形或断裂的能力称为强度，其大小通常用应力来表示。金属材料的强度越高，抵抗变形和断裂的能力越大。

根据载荷作用方式不同，可将强度分为屈服强度、抗拉强度、抗压强度、抗弯强度和抗扭强度等。一般情况下，多以屈服强度和抗拉强度作为判别强度高低的重要依据。

抗拉强度和塑性是通过拉伸试验测定的。

1. 拉伸试验

拉伸试验方法是将被测金属试样装夹在拉伸试验机上，在试样两端缓慢施加轴向拉伸载荷，观察试样的变形情况，同时连续测量外力和相应的伸长量，直至试样断裂，根据测得的数据即可计算出有关的力学性能。

1）拉伸试样

拉伸试样的尺寸按国家标准中金属拉伸试验试样中的有关规定进行制作，通常采用圆柱形拉伸试样，分为短试样和长试样两种，一般工程上采用短试样。拉伸试样如图 2.2 所示，L_0 为标准试样的原始标距，L_u 为拉断试样对接后测出的标距长度。长试样 $L_0=10d_0$；短试样 $L_0=5d_0$。

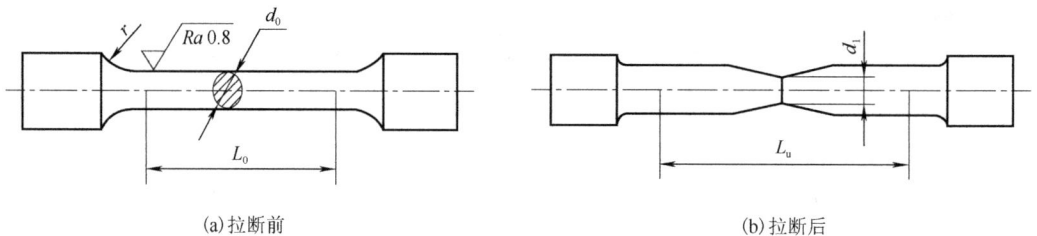

(a)拉断前　　　　　　　　　　　　　　　　(b)拉断后

图 2.2　拉伸试样

2) 试验方法

拉伸试验在拉伸试验机(图 2.3)上进行。将试样装在试验机的上、下夹头上，开动机器，在力的作用下，试样受到拉伸。同时，记录装置记录下拉伸过程中的力-伸长曲线。

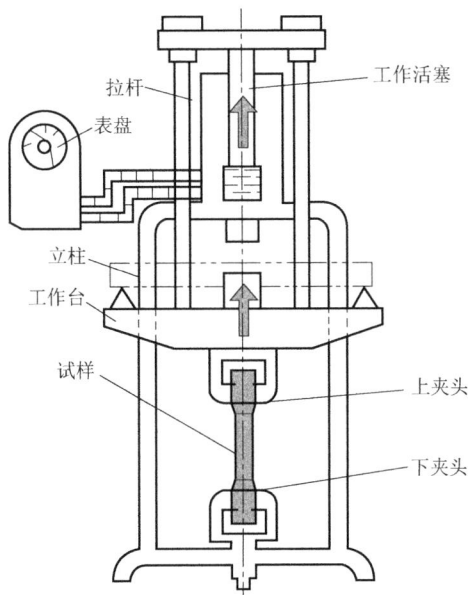

图 2.3　拉伸试验机示意图

2. 力-伸长曲线

在进行拉伸试验时，拉伸力 F 和试样伸长量 ΔL 之间的关系曲线，称为力-伸长曲线。通常把拉伸力 F 作为纵坐标，伸长量 ΔL 作为横坐标。图 2.4 为退火低碳钢的力-伸长曲线图。从力-伸长曲线可以看出，试样从开始拉伸到断裂要经过弹性变形阶段、屈服阶段、变形强化阶段、颈缩与断裂阶段共四个阶段。

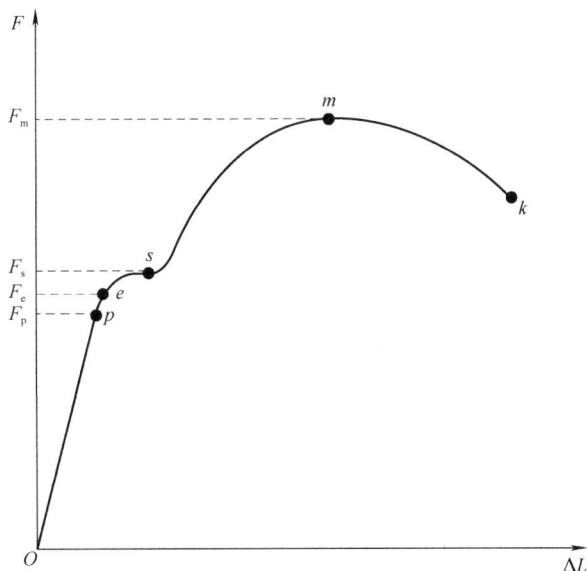

图 2.4　退火低碳钢的力-伸长曲线图

1) Op 弹性变形阶段

观察图 2.4 中力-伸长曲线，在斜直线 Op 阶段，当拉伸力 F 增加时，试样伸长量 ΔL 也呈正比增加。当去除拉伸力 F 后，试样伸长变形消失，恢复其原来形状。这种因载荷的存在而产生，随载荷的去除而消失的变形为弹性变形。图 2.4 中 F_p 是试样保持完全弹性变形的最大拉伸力。

2) es 屈服阶段

当拉伸力 F 超过 F_e 时，试样将产生塑性变形，去除拉伸力后，变形不能完全恢复，塑性伸长将保留下来。当拉伸力继续增加到 F_s 时，力-伸长曲线在 s 点后出现一个平台，即在拉伸力不再增加的情况下，试样也会明显伸长，这种现象称为屈服现象。拉伸力 F_s 称为屈服拉伸力。

3) sm 变形强化阶段

当拉伸力超过屈服拉伸力后，试样抵抗变形的能力将会提高，产生冷变形强化现象。在力-伸长曲线上表现为一段上升曲线，即随着塑性变形的增大，试样的变形抗力也逐渐增大。F_m 为拉伸试样承受的最大载荷。

4) mk 颈缩与断裂阶段

当拉伸力达到 F_m 时，试样的局部截面开始收缩，产生颈缩现象。颈缩使试样局部截面迅速缩小，单位面积上的拉伸力增大，变形集中于颈缩区，最后延续到 k 点时试样被拉断。

3. 弹性极限和刚度

1) 弹性极限

弹性极限是指金属材料由弹性变形过渡到弹、塑性变形时的应力。应力超过弹性极限以后，金属材料便开始产生塑性变形。弹性极限表征金属材料产生弹性变形的能力，是衡量金属材料最大弹性变形的抗力指标。弹性极限用符号 σ_e 表示，其计算公式如下：

$$\sigma_e = \frac{F_e}{S_0} \tag{2-2}$$

式中，σ_e 为弹性极限，单位为 MPa；F_e 为发生最大弹性变形时所对应的载荷，单位为 N；S_0 为试样原始横截面积，单位为 mm^2。

2) 刚度

刚度是指金属材料在承受载荷时抵抗弹性变形的能力，用弹性模量 E 来衡量。$E = \sigma / \varepsilon$，E 越大，金属材料的刚度越大，在一定应力作用下产生的弹性变形越小。

4. 强度指标

1) 屈服强度

屈服强度是指试样在拉伸试验过程中，当载荷达到 F_s 后不再增加，但试样仍然能够继续伸长时的应力。屈服强度分为上屈服强度 R_{eH} 和下屈服强度 R_{eL}，在工程设计和计算中，一般用下屈服强度代表其屈服强度，单位为 MPa。屈服强度的计算公式如下：

$$R_{eL} = \frac{F_{eL}}{S_0} \tag{2-3}$$

式中，R_{eL} 为屈服强度，单位为 MPa；F_{eL} 为试样屈服时的载荷，单位为 N；S_0 为试样原始横截面积，单位为 mm^2。

工业上使用的部分金属材料，如高碳钢、铸铁等，在进行拉伸试验时，没有明显的屈服现象，也不会产生颈缩现象，这就需要规定一个相当于屈服强度的强度指标，即规定残余延伸强度。

规定残余延伸强度是指试样卸除拉伸力后，其标距部分的残余延伸达到规定的原始标距百分比时的应力，用应力符号 R 并加角标"r 和规定残余伸长率"表示。例如，国家标准规定 $R_{r0.2}$（表示规定残余伸长率为 0.2%时的应力）为没有明显产生屈服现象金属材料的屈服强度。

金属零件及其结构件在工作过程中一般不允许产生塑性变形，因此，设计零件和结构件时，屈服强度是工程技术上重要的力学性能指标之一，也是大多数机械零件和结构件选材与设计的依据。

2）抗拉强度

抗拉强度是指试样在拉断前所承受的最大应力，用符号 R_m 表示，其计算公式如下：

$$R_m = \frac{F_m}{S_0} \qquad (2\text{-}4)$$

式中，R_m 为抗拉强度，单位为 MPa；F_m 为试样在拉断前所承受的最大载荷，单位为 N；S_0 为试样原始横截面积，单位为 mm^2。

R_m 是表征金属材料由均匀塑性变形向局部集中塑性变形过渡的临界值，也是表征金属材料在静拉伸条件下的最大承载能力。零件在工作中所承受的应力不应超过抗拉强度，否则会导致断裂，所以抗拉强度也是机械零件设计和选材的重要依据。

另外，比值 R_{eL}/R_m 称为屈强比，是一个重要的指标。比值越大，越能发挥材料的潜力，减小工程结构自重。但为了使用安全，也不宜过大，一般合理的比值为 0.65～0.75。

2.1.2　塑性

1. 塑性的概念

塑性是指金属材料在断裂前产生永久变形的能力。金属材料在静拉伸载荷作用下都会产生变形，包括弹性变形和塑性变形，当载荷达到一定数值时金属材料就会断裂。检查断裂后的结果，发现金属材料都存在不同程度的残余变形，即发生了塑性变形。断裂前塑性变形量大的材料，其塑性好；反之则塑性差。

2. 塑性的衡量指标

为了便于比较各种材料的塑性和确定每一种材料在一定变形条件下的加工性能，需要一种度量塑性的指标，这种指标称为塑性指标。目前常用的塑性指标是断后伸长率和断面收缩率。

1）断后伸长率

试样拉断后，标距的伸长量与原始标距的百分比称为断后伸长率，用符号 A 表示，其计算公式如下：

$$A = \frac{L_u - L_0}{L_0} \times 100\% \qquad (2\text{-}5)$$

式中，A 为断后伸长率，单位为%；L_u 为拉断对接后的标距长度，单位为 mm；L_0 为试样原始标距长度，单位为 mm。

由于拉伸试样分为长试样和短试样，使用长试样测定的断后伸长率用符号 $A_{11.3}$ 表示，使用短试样测定的断后伸长率用符号 A 表示。同一种金属材料的断后伸长率的 $A_{11.3}$ 和 A 数值是不相等的，因而不能直接用 A 和 $A_{11.3}$ 进行比较。一般短试样的 A 大于长试样的 $A_{11.3}$。

2) 断面收缩率

试样拉断后，颈缩处横截面积的缩减量与原始横截面积的百分比称为断面收缩率，用符号 Z 表示，其计算公式如下：

$$Z = \frac{S_0 - S_u}{S_0} \times 100\% \tag{2-6}$$

式中，Z 为断面收缩率，单位为%；S_0 为试样原始横截面积，单位为 mm^2；S_u 为试样拉断后颈缩处的横截面积，单位为 mm^2。

金属材料的断后伸长率 A 和断面收缩率 Z 的数值越大，表示材料的塑性越好。塑性好的金属材料不仅能顺利地进行锻压、轧制等成形工艺，而且在使用过程中受力过大时首先产生塑性变形而不致突然断裂。对于铸铁、陶瓷等脆性材料，由于塑性较低，拉伸时几乎不产生明显的塑性变形，超载时会发生突然断裂，使用过程中必须注意。因此大多数机械零件除要求具有足够的强度外，还应具有一定的塑性。

【典型案例】

某厂购进一批 45 钢，按国家标准规定，力学性能应符合如下要求：$R_{eL} \geqslant 335MPa$，$R_m \geqslant 600MPa$，$A \geqslant 16\%$，$Z \geqslant 40\%$。入厂检验时采用 $d = 10mm$ 短试样进行拉伸试验，测得 $F_{eL} = 28900N$，$F_m = 47530N$，$L_u = 60.5mm$，$d_u = 7.5mm$。试列式计算其强度和塑性，并确认该钢材是否符合要求。

解：(1) 求 S_0 和 S_u。

$$S_0 = \frac{1}{4}\pi d^2 = \frac{1}{4} \times 3.14 \times (10)^2 \, mm^2 = 78.5mm^2$$

$$S_u = \frac{1}{4}\pi d^2 = \frac{1}{4} \times 3.14 \times (7.5)^2 \, mm^2 = 44.16mm^2$$

(2) 计算 R_{eL} 和 R_m。

$$R_{eL} = \frac{F_{eL}}{S_0} = \frac{28900N}{78.5mm^2} = 368.2MPa > 335MPa$$

$$R_m = \frac{F_m}{S_0} = \frac{47530N}{78.5mm^2} = 605.48MPa > 600MPa$$

(3) 计算 A 和 Z。

$$A = \frac{L_u - L_0}{L_0} \times 100\% = \frac{60.5 - 50}{50} \times 100\% = 21\% > 16\%$$

$$Z = \frac{S_0 - S_u}{S_0} \times 100\% = \frac{78.5 - 44.16}{78.5} \times 100\% = 43.75\% > 40\%$$

答：试验测得该批钢的屈服强度、抗拉强度、断后伸长率、断面收缩率均大于规定要求，所以这批钢材合格。

2.1.3 硬度

硬度是指金属材料抵抗局部变形，特别是塑性变形、压痕或划痕的能力。硬度是衡量金属材料软硬程度的一种性能指标。

　　硬度是各种零件和工具必须具备的力学性能，机械制造业中所用的刃具、量具、模具等都应具备足够的硬度，才能保证其使用性能和使用寿命。有些机械零件如齿轮、曲轴等，也要具有一定的硬度，以保证足够的耐磨性和使用寿命。另外，硬度是一项综合力学性能指标，其数值可间接地反映金属的强度及金属在化学成分、金相组织和热处理方法上的差异，因此，硬度是金属材料一项重要的力学性能指标。

　　常用的硬度测试方法是压入法，主要有布氏硬度试验法、洛氏硬度试验法和维氏硬度试验法三种。硬度是在专用的硬度试验机上通过试验测得的，如图 2.5 所示。

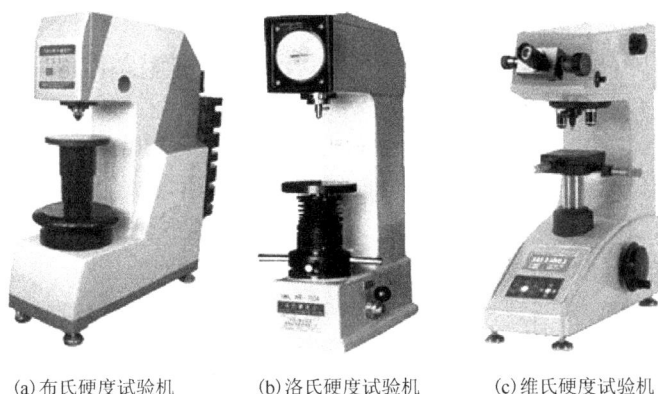

(a)布氏硬度试验机　　　　(b)洛氏硬度试验机　　　　(c)维氏硬度试验机

图 2.5　硬度试验机

1. 布氏硬度

1) 试验原理

　　布氏硬度的试验原理是用一定直径的硬质合金球，以相应的试验力压入试样表面，经规定的保持时间后，卸除试验力，测量试样表面的压痕直径 d，然后根据压痕直径 d 计算其硬度值的方法，如图 2.6 所示。布氏硬度用球面压痕单位表面积上所承受的平均压力表示。目前，金属布氏硬度试验方法执行 GB/T 231.1—2009 标准，用符号 HBW 表示，布氏硬度试验范围上限为 650HBW。

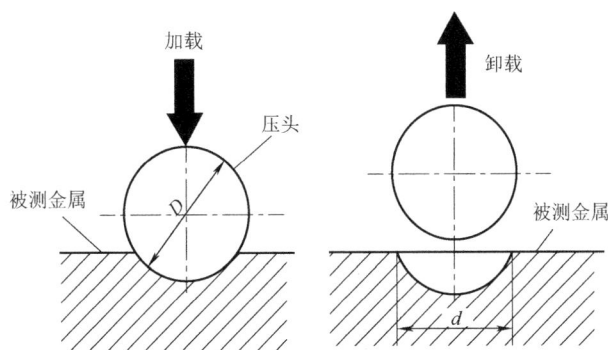

图 2.6　布氏硬度试验原理图

$$HBW = \frac{F}{S} = 0.102 \times \frac{2F}{\pi D(D - \sqrt{D^2 - d^2})} \tag{2-7}$$

式中，F 为试验载荷，单位为 N；S 为压痕球形表面积，单位为 mm^2；D 为压头的球体直径；d 为压痕直径。

试验时只要测量出压痕直径 d(mm)，可通过查布氏硬度表得出 HBW。布氏硬度计算值一般都不标出单位，只写明硬度的数值。由于金属材料有硬有软，工件有厚有薄，在进行布氏硬度试验时，压头球体直径 D(有 10mm、5mm、2.5mm 和 1mm 四种)、试验力和保持时间应根据被测金属种类与厚度正确地进行选择。

在进行布氏硬度试验时，试验力的选择应保证压痕直径 d 在 $(0.24 \sim 0.6)D$。试验力 F(N) 与压头球体直径 D(mm) 的平方的比值应为 30、15、10、5、2.5、1 之间的某一个，而且应根据被检测金属材料及其硬度合理选择。

2)标注方法

布氏硬度的标注方法是：测定的硬度应标注在硬度符号 HBW 的前面。除保持时间为 $10 \sim 15s$ 的试验条件外，在其他条件下测得的硬度，均应在硬度符号 HBW 的后面用相应的数字注明压头球体直径、试验力大小和试验力保持时间。例如：150HBW10/1000/30 表示用直径 D=10mm 的硬质合金球，在 9.807kN(1000kgf)试验力作用下，保持 30s 测得的布氏硬度为 150；500HBW5/750 表示用直径 D=5mm 的硬质合金球，在 7.355kN(750kgf)试验力作用下保持 $10 \sim 15s$ 测得的布氏硬度为 500。

做布氏硬度试验时，压头球体直径 D、试验力 F 及试验力保持时间 t 应根据被测金属材料的种类、硬度范围与试样的厚度进行选择，见表 2.1。

表 2.1 根据材料和布氏硬度范围选择试验条件

材料	布氏硬度 (HBW)	试样厚度/cm	F/D^2	压头球体直径 D/mm	试验力 F/N	试验力保持时间 t/s
黑色金属(如钢的正火、退火、调质状态)	$145 \sim 450$	$6 \sim 3$	30	10	30000	10
		$4 \sim 2$		5	7500	
		<2		2.5	1875	
黑色金属	<140	>6	10	10	10000	10
		$6 \sim 3$		5	2500	
		<3		2.5	625	
有色金属及合金(如铜、青铜、黄铜、镁合金等)	$36 \sim 130$	>6	10	10	10000	30
		$6 \sim 3$		5	2500	
		<3		2.5	625	
有色金属及合金(如铝、轴承和金等)	$8 \sim 35$	>6	2.5	10	2500	60
		$6 \sim 3$		5	625	
		<3		2.5	156	

3)特点

布氏硬度试验的特点是试验时金属材料表面压痕大，能在较大范围内反映被测金属材料的平均硬度，测得的硬度比较准确，数据重复性强。但由于其压痕较大，对金属材料表面的损伤较大，不宜测定太小或太薄的试样。通常布氏硬度适于测定非铁金属、灰铸铁、可锻铸铁、球墨铸铁及经退火、正火、调质处理后的各类钢材。

4)R_m 与 HBW 的关系

材料的 R_m 与 HBW 之间有以下近似关系：低碳钢的 $R_m \approx 3.53$HBW，高碳钢的 $R_m \approx 3.33$HBW，合金钢的 $R_m \approx 3.19$HBW，灰铸铁的 $R_m \approx 0.98$HBW。

2. 洛氏硬度

1)试验原理

根据 GB/T 230.1—2009，洛氏硬度试验原理是以锥角为 120° 的金刚石圆锥体或直径为

1.5875mm 的球(淬火钢球或硬质合金球)，压入试样表面(图 2.7)。试验时先加初试验力，然后加主试验力，压入试样表面之后，去除主试验力，在保留初试验力时，根据试样残余压痕深度增量来衡量试样的硬度。残余压痕深度增量小，金属材料的硬度高。

在图 2.7 中，0—0 位置为金刚石压头还没有与试样接触时的原始位置。当加上初试验力 F_0 后，压头压入试样中，深度为 h_0，压头处于 1—1 位置。再加主试验力 F_1 后，压头压入试样的深度为 h_1，压头处于图中 2—2 位置。去除主试验力保留初试验力后，压头因金属材料的弹性恢复到图 2.7 中 3—3 位置。图 2.7 中所示 h，称为残余压痕深度增量，对于洛氏硬度试验，单位为 0.002mm。标尺刻度满量程 N 与 h 之差，称为洛氏硬度。其表示公式是

$$HR = 100 - \frac{h}{0.002} \tag{2-8}$$

式中，压痕深度的单位为 mm。

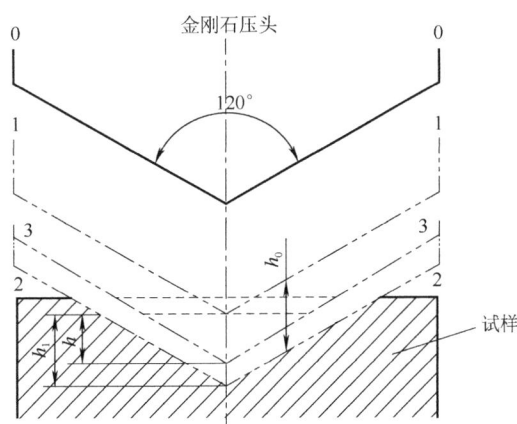

图 2.7　洛氏硬度试验原理图

2)标注方法

为了适应不同材料的硬度测定需要，洛氏硬度计采用不同的压头和载荷对应不同的硬度标尺。根据 GB/T 230.1—2009 的规定，每种标尺由一个专用字母表示，标注在符号 HR 后面，如 HRA、HRB、HRC 等(表 2.2)。不同标尺的洛氏硬度，彼此之间没有直接的换算关系。测定的硬度数值写在符号 HR 的前面，符号 HR 后面写使用的标尺，如 50HRC 表示用 C 标尺测定的洛氏硬度为 50。

表 2.2　常用的三种洛氏硬度标尺的试验条件和适用范围

硬度标尺	压头类型	总测试力/N	硬度有效范围	应用举例
HRC	120° 金刚石圆锥体	1471.0	20~67HRC	一般淬火钢
HRB	ϕ1.5875mm 硬质合金球	980.7	25~100HRB	软钢、退火钢、铜合金等
HRA	120° 金刚石圆锥体	588.4	60~85HRA	硬质合金、表面淬火钢等

3)特点

洛氏硬度试验是生产中广泛应用的一种硬度试验方法，其特点是：硬度试验压痕小，对

试样表面损伤小，常用来直接检验成品或半成品的硬度，尤其是经过淬火处理的零件，常采用洛氏硬度计进行测试；试验操作简便，可以直接从试验机上显示出硬度，省去了烦琐的测量、计算和查表等工作。但是，由于压痕小，硬度的准确性不如布氏硬度，数据重复性较差。因此，在测试洛氏硬度时，要测至少三个不同位置的硬度，然后计算这三点硬度的平均值作为被测材料的硬度。

3. 维氏硬度

布氏硬度试验不适合测定硬度较高的金属材料。洛氏硬度试验虽可用来测定各种金属材料的硬度，但由于采用不同的压头、总试验力和标尺，其硬度之间彼此没有联系，也不能直接互相换算。因此，为了从软到硬对各种金属材料进行连续性的硬度标定，人们制定了维氏硬度试验。

1）试验原理

维氏硬度的试验原理与布氏硬度基本相似，如图2.8所示。以面夹角为136°的正四棱锥体金刚石为压头，试验时，在规定的试验力 F(49.03～980.7N)作用下，压入试样表面，经规定保持时间后，卸除试验力，则试样表面上压出一个正四棱锥形的压痕，测量压痕两对角线 d 的平均长度，可计算出其硬度。维氏硬度是用正四棱锥形压痕单位表面积上承受的平均压力表示的硬度。维氏硬度用符号 HV 表示。

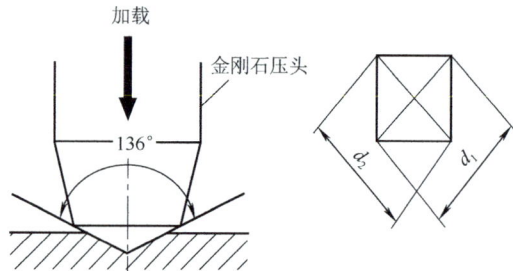

图2.8　维氏硬度试验原理图

2）标注方法

试验时，用测微计测出压痕的对角线长度，算出两对角线长度的平均值后，查GB/T 4340.4—2009附表就可得出维氏硬度。维氏硬度的测量范围为5～1000HV。标注方法与布氏硬度相同。硬度数值写在符号 HV 的前面，试验条件写在符号 HV 的后面。对于钢和铸铁，若试验力保持时间为10～15s，可以不标出。例如，640HV30 表示用30kgf(294.2N)的试验力，保持10～15s测定的维氏硬度是640；640HV30/20 表示用30kgf(294.2N)的试验力，保持20s测定的维氏硬度是640。

3）特点

维氏硬度适用范围宽，从软材料到硬材料都可以进行测量，尤其适用于零件表面层硬度的测量，如经化学热处理零件的渗层硬度测量，其测量结果精确可靠。但测取维氏硬度时，需要测量压痕对角线的长度，然后查表或计算。进行维氏硬度测试时，对试样表面的质量要求高，测量效率较低，因此，维氏硬度没有洛氏硬度使用方便。

2.1.4　韧性

1. 一次冲击试验

许多机械零件在工作中往往受到冲击载荷的作用，如内燃机的活塞销、冲床的冲头、锻锤的锤杆和锻模等。制造这类零件所采用的材料，其性能指标不能单纯用强度、塑性、硬度来衡量，而必须考虑材料抵抗冲击载荷的能力，即韧性。韧性是金属材料在断裂前吸收变形能量的能力。冲击载荷比静载荷的破坏性要大得多，因此，需要对金属材料制定冲击载荷下的性能指标。金属材料的韧性通常采用吸收能量 K（单位为 J）指标来衡量，而金属材料的吸收能量通常采用夏比摆锤冲击试验方法（GB/T 229—2007）来测定。

1）夏比摆锤冲击试样

夏比摆锤冲击试样有 V 型缺口试样和 U 型缺口试样两种，如图 2.9 所示。带 V 型缺口的试样称为夏比 V 型缺口试样；带 U 型缺口的试样称为夏比 U 型缺口试样。夏比摆锤冲击试样要根据国家标准 GB/T 229—2007 制作。

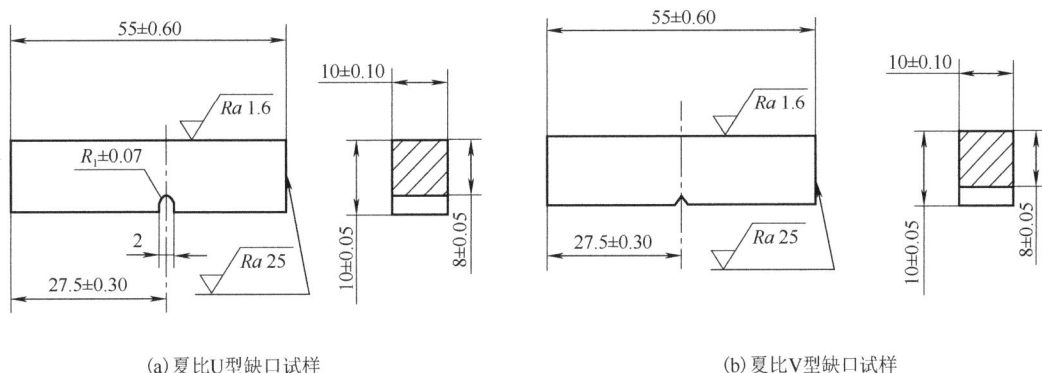

(a) 夏比U型缺口试样　　　　　　　　　　　　　　(b) 夏比V型缺口试样

图 2.9　夏比摆锤冲击试样

在试样上开缺口的目的是：在缺口附近造成应力集中，使塑性变形局限在缺口附近，并保证在缺口处发生破断，以便正确测定金属材料承受冲击载荷的能力。同一种金属材料的试样缺口越深、越尖锐，吸收能量越小，金属材料表现脆性越显著。V 型缺口试样比 U 型缺口试样更容易冲断，因而其吸收能量也较小。因此，不同类型的冲击试样，测出的吸收能量不能直接比较。

2）夏比摆锤冲击试验方法

夏比摆锤冲击试验在摆锤式冲击试验机上进行。试验时，将带有缺口的标准试样安放在试验机的机架上，使试样的缺口位于两支座中间，并背向摆锤的冲击方向，如图 2.10 所示。将一定质量的摆锤升高到规定高度 h_1，则摆锤具有势能 A_{KV_1}（V 型缺口试样）或 A_{KU_1}（U 型缺口试样）。当摆锤落下将试样冲断后，摆锤继续向前升高到 h_2，此时摆锤的剩余势能为 A_{KV_2} 或 A_{KU_2}，则摆锤冲断试样过程中所失去的势能就等于冲击试样的吸收能量 K，计算公式是

V 型缺口试样：KV_2 或 $KV_8 = A_{KV_1} - A_{KV_2}$

U 型缺口试样：KU_2 或 $KU_8 = A_{KU_1} - A_{KU_2}$

KV$_2$ 或 KU$_2$ 表示用刀刃半径是 2mm 的摆锤测定的吸收能量，单位为 J；KV$_8$ 或 KU$_8$ 表示用刀刃半径是 8mm 的摆锤测定的吸收能量，单位为 J。

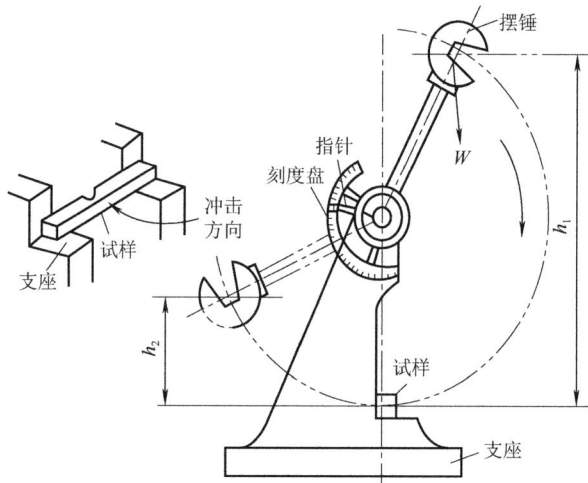

图 2.10　摆锤冲击试验

3) 冲击韧性

吸收能量 KV$_2$ 或 KV$_8$（KU$_2$ 或 KU$_8$）可以从试验机的刻度盘上直接读出。它是表征金属材料韧性的重要指标。吸收能量大，表示金属材料抵抗冲击试验力而不破坏的能力强。吸收能量 K 与冲击试样缺口处的横截面积 S_0 的比值称为冲击韧性（a_{KV} 或 a_{KU}）。

$$a_k = \frac{K}{S_0} \tag{2-9}$$

式中，a_k 为冲击韧性，单位为 J/cm^2；K 为吸收能量，单位为 J；S_0 为试样缺口处原始横截面积，单位为 cm^2。

吸收能量 K 对组织缺陷非常敏感，它可灵敏地反映出金属材料的质量、宏观缺口和显微组织的差异，能有效地检验金属材料在冶炼、成形加工、热处理工艺等方面的质量。此外，吸收能量对温度非常敏感，通过一系列温度下的冲击试验可测出金属材料的脆化趋势和韧脆转变温度。

4) 吸收能量与温度的关系

金属材料的吸收能量与试验温度有关。有些金属材料在室温时并不显示脆性，但在较低温度下，则可能发生脆断。金属材料的吸收能量与温度之间的关系曲线一般包括高吸收能区、过渡区和低吸收能区三部分，如图 2.11 所示。

在进行不同温度的一系列冲击试验时，随试验温度的降低，吸收能量总的变化趋势是随着温度的降低而降低。当温度降至某一数值时，吸收能量急剧下降，金属材料由韧性断裂变为脆性断裂，这种现象称为冷脆转变。金属材料在一系列不同温度的冲击试验中，吸收能量急剧变化或断口韧性急剧转变的温度区域，称为韧脆转变温度。韧脆转变温度是衡量金属材料冷脆倾向的指标。金属材料的韧脆转变温度越低，说明金属材料的低温抗冲击性越好。非合金钢的韧脆转变温度约为-20℃，因此，在较寒冷(低于-20℃)地区使用非合金钢构件时，如车辆、桥梁、输运管道、电力铁塔等在冬天易发生脆断现象。在选择金属材料时，一定要考虑其服役条件的最低温度必须高于金属材料的韧脆转变温度。

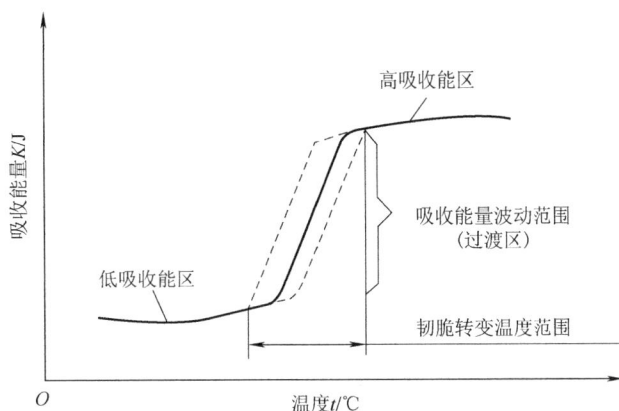

图 2.11　吸收能量与温度之间的关系曲线

2. 多次冲击弯曲试验

金属材料在实际服役过程中，经过一次冲击断裂的情况很少。许多金属材料或零件的服役条件是经受小能量多次冲击。由于在一次冲击条件下测得的吸收能量不能完全反映这些零件或金属材料的性能指标，因此，提出了小能量多次冲击弯曲试验。

金属材料在多次冲击下的破坏过程由裂纹产生、裂纹扩张和瞬时断裂三个阶段组成。其破坏是每次冲击损伤积累发展的结果，不同于一次冲击的破坏过程。

多次冲击弯曲试验如图 2.12 所示。试验时将试样放在试验机支座上，使试样受到试验机锤头的小能量多次冲击，测定被测金属材料在一定冲击能量下，开始出现裂纹和最后断裂的冲击次数，并以此作为多次冲击抗力指标。

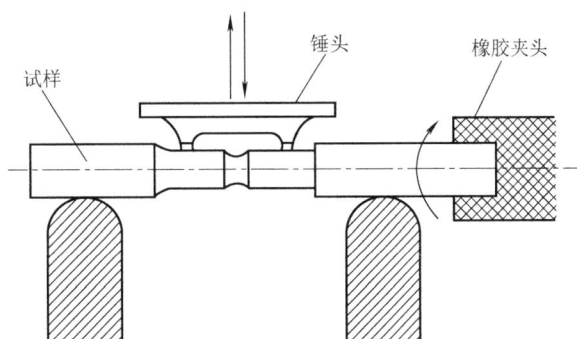

图 2.12　多次冲击弯曲试验

可以说，多次冲击弯曲试验在一定程度上可以模拟零件的实际服役过程，为零件设计和选材提供了理论依据，也为估计零件的使用寿命提供了依据。

研究结果表明：金属材料抗多次冲击的能力取决于其强度和塑性两项指标，而且随着冲击能量的不同，金属材料的强度和塑性的作用是不同的。在小能量多次冲击条件下，金属材料抗多次冲击的能力主要取决于金属材料的强度；在大能量多次冲击条件下，金属材料抗多次冲击的能力主要取决于金属材料的塑性。

2.1.5　疲劳强度

1. 疲劳的概念

工程上许多机械零件都是在交变应力作用下工作的，如曲轴、齿轮、弹簧、各种滚动轴承等，在工作过程中各点的应力是随时间做周期性变化的。日常生活和生产中，许多零件工作时承受的实际应力通常低于制作金属材料的屈服强度或规定残余延伸强度，但是零件在这种循环应力作用下，经过一定时间的工作后会发生突然断裂，这种现象称为金属的疲劳。

疲劳破坏是机械零件失效的主要原因之一，疲劳断裂时不产生明显的塑性变形，断裂是突然发生的，因此，具有很大的危险性，常常造成严重的事故。据统计，在损坏的机械零件中，80%以上是由疲劳造成的。因此，研究疲劳现象对于正确使用金属材料，合理设计机械构件具有重要意义。

2. 产生疲劳的原因

疲劳断裂是由于材料表面或内部有缺陷(划痕、夹杂、软点、显微裂纹等)，这些地方的局部应力大于屈服强度，从而发生局部塑性变形而导致疲劳裂纹的产生。这些裂纹随着循环应力次数的增加而逐渐扩展，直至最后承载的截面减小到不能承受所加载荷而突然断裂。

3. 疲劳强度

金属在循环应力作用下能经受无限多次循环而不断裂的最大应力称为金属的疲劳强度，即循环次数 N 无穷大时所对应的最大应力称为疲劳强度。在工程实践中，一般求疲劳极限，即对应于指定的循环基数下的中值疲劳强度。对于钢铁材料其循环基数为 10^7，对于非铁金属其循环基数为 10^8。对于对称循环应力，其疲劳强度用符号 σ_{-1} 表示。许多试验结果表明：金属材料的疲劳强度随着抗拉强度的提高而提高；对于结构钢，当 $R_m \leqslant 1400\text{MPa}$ 时，其疲劳强度 σ_{-1} 约为抗拉强度的 1/2。

疲劳断裂是在循环应力作用下，经一定循环次数后发生的。金属材料在承受一定循环应力 σ 的条件下，其断裂时相应的循环次数 N 可以用曲线来描述，这种曲线称为 σ-N 曲线，如图 2.13 所示。

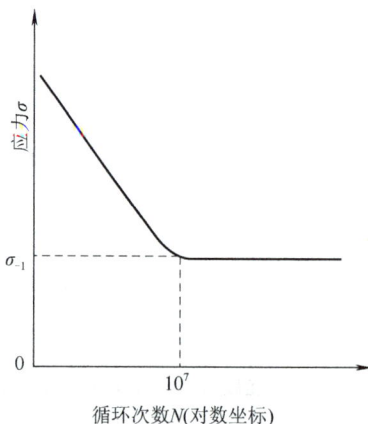

图 2.13 σ-N 曲线

4. 提高疲劳强度的途径

大部分机械零件的损坏是由疲劳造成的，消除或减少疲劳失效，对于延长零件使用寿命有着重要意义。疲劳破坏一般是由金属材料内部的气孔、疏松、夹杂及表面划痕、缺口等引起应力集中，并导致微裂纹产生的。因此，设计零件时，改善零件的结构形式、降低零件表面粗糙度及采取各种零件表面强化的方法，都能提高金属零件的疲劳强度。例如，采用表面处理，如高频感应淬火、表面形变强化(喷丸、滚压、内孔挤压等)、化学热处理(渗碳、渗氮、碳-氮共渗)以及各种表面复合强化工艺等都可改变零件表层的残余应力状态，从而提高零件的疲劳强度。

2.2　金属材料的工艺性能

机械中大多数零件需要先加工成毛坯，然后采用不同的方法加工而成。金属材料的加工过程如图 2.14 所示。

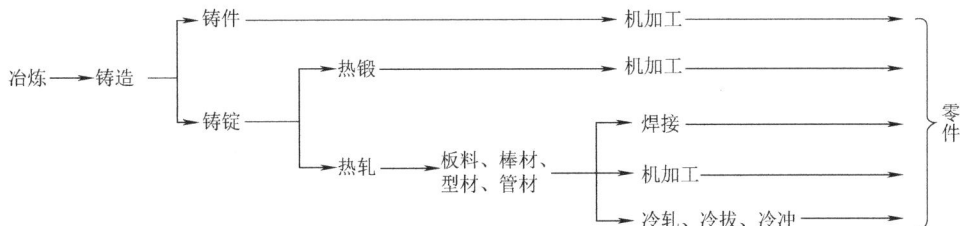

图 2.14　金属材料的一般加工过程

工艺性能是指金属材料在加工过程中表现出来的各种性能，包括铸造性能、压力加工性能、焊接性能、切削加工性能、热处理性能等。工艺性能直接影响到金属材料加工的难易程度、加工质量、生产效率及加工成本等，所以工艺性能是选材和制定零件工艺路线时必须考虑的因素之一。

2.2.1　铸造性能

金属在铸造成形过程中获得外形准确、内部健全铸件的能力称为铸造性能。铸造性能包括流动性、充型能力、吸气性、收缩性和偏析等。在金属材料中灰铸铁和青铜的铸造性能较好。

图 2.15 为套筒的砂型铸造加工示意图。

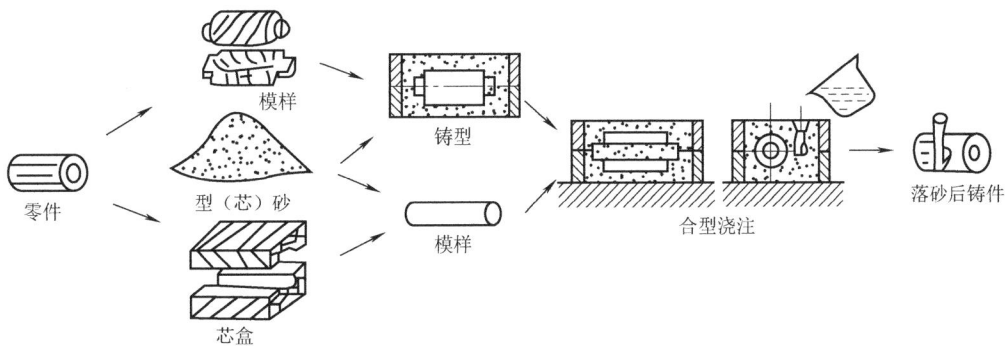

图 2.15　套筒的砂型铸造加工示意图

1. 流动性
熔融金属的流动能力称为流动性，它主要受金属化学成分和浇注温度等的影响。流动性好的金属容易充满铸型，从而获得外形完整、尺寸精确、轮廓清晰的铸件。

2. 收缩性
铸件在凝固和冷却过程中，其体积和尺寸减小的现象称为收缩性。铸件收缩不仅影响尺寸精度，还会使铸件产生缩孔、疏松、内应力、变形和开裂等缺陷，故用于铸造的金属，其收缩率越小越好。铁碳合金中，灰铸铁收缩率小，铸钢收缩率大。

3. 偏析

金属凝固后，其内部化学成分和组织的不均匀现象称为偏析。偏析严重时可能使铸件各部分的组织和力学性能有很大的差异，降低铸件的质量。

有色金属(如青铜)的铸造性很好，常用于铸造精美的工艺品。铸铁的铸造性能优于铸钢，因此常用铸造方法生产零件。

2.2.2 压力加工性能

压力加工性能是指用压力使金属产生塑性变形，改变其形状、尺寸和性能，从而获得型材或锻压件的一种加工方法。压力加工的方法有轧制、挤压、冷拔、锻造、冷冲压等，如图2.16所示。金属材料用压力加工方法成形而得到优良工件的难易程度称为压力加工性能。压力加工性能的好坏主要与金属的塑性和变形抗力有关，塑性越好，变形抗力越小，金属的压力加工性能越好。影响压力加工性能的主要因素是金属的化学成分、内部结构等，纯金属的压力加工性能优于一般合金。铁碳合金中，含碳量越低，压力加工性能越好；合金钢中，合金元素的种类和含量越多，压力加工性能越差。碳钢在加热状态下压力加工性能较好，铸铁则不能进行压力加工。

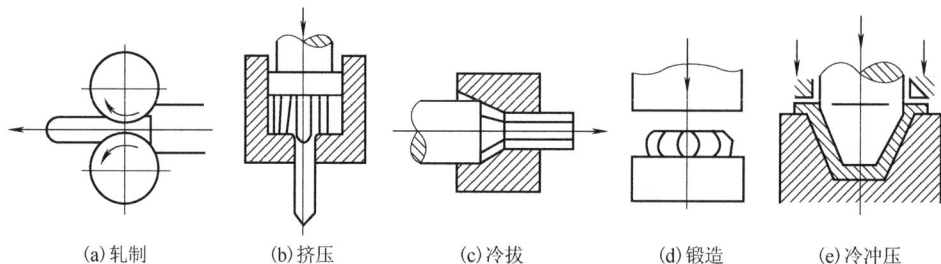

(a)轧制　　(b)挤压　　(c)冷拔　　(d)锻造　　(e)冷冲压

图2.16　压力加工方法示意图

2.2.3 焊接性能

焊接是通过加热、加压或两者并用，使用或不使用填充材料，使工件达到结合的一种方法。焊接方法可分为三大类，即熔焊、压焊和钎焊。熔焊是将待焊处的母材金属熔化以形成焊缝的焊接方法。常用的熔焊有电弧焊、气焊、电子束焊、等离子弧焊、激光焊等。

压焊是焊接时对焊件施加压力，以完成焊接的方法。应用最普遍的压焊是电阻焊。

钎焊是采用比母材熔点低的金属材料作为钎料，将焊件和钎料加热到高于钎料熔点、低于母材熔点的温度，利用液态钎料浸润母材，填充接头间隙并与母材相互扩散实现连接焊件的方法。

图2.17为电弧焊和气焊示意图。

焊接性能是指金属材料对焊接加工的适应能力，也就是在一定的焊接工艺条件下，金属材料获得优良焊接接头的难易程度。焊接性能好的金属材料，容易用一般焊接方法和工艺进行操作，焊接时不易形成裂纹、气孔、夹渣等缺陷，焊接后接头强度与母材相近。碳钢和低合金钢的焊接性能主要与金属材料的化学成分有关(其中碳的影响最大)，如低碳钢具有良好的焊接性；高碳钢、铸铁的焊接性较差，焊接时需要采用预热或气体保护焊等，焊接工艺复杂。

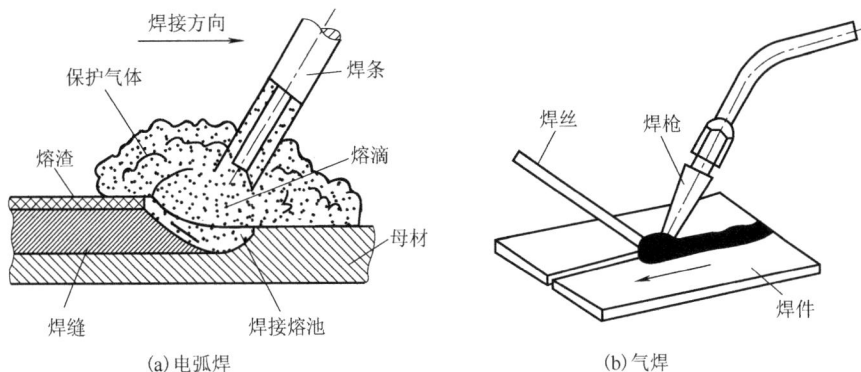

(a)电弧焊　　　　　　　　　　　　　　(b)气焊

图 2.17　电弧焊和气焊示意图

2.2.4　切削加工性能

切削加工是指通过机床提供的切削运动和动力，使刀具和工件产生相对运动，从而切除工件上多余的材料，以获得合格零件的加工过程。零件常通过对毛坯进行切削加工而制成，如车削加工、铣削加工、磨削加工、刨削加工等。

切削加工金属材料的难易程度称为切削加工性能，一般由工件切削后的表面粗糙度及刀具寿命等方面来衡量。切削加工性能与金属材料的硬度、导热性、冷变形强化等因素有关。一般认为，金属材料具有适当硬度(170~230HBW)和足够的脆性时较易切削，所以铸铁比钢的切削加工性能好，一般碳钢比高合金钢的切削加工性能好。

改变钢的化学成分和进行适当的热处理，是改善钢的切削加工性能的重要途径。例如，高碳钢经过球化退火，可以使网状的二次渗碳体球状化，降低硬度，改善切削加工性能；低碳钢经正火处理，可以提高硬度，改善切削加工性能；铸铁件切削前先进行退火，可降低表面层的硬度，改善切削加工性能。

拓 展 阅 读

我们在看有关力学性能指标时，有时能看到这些符号如 σ、δ、ψ 等，这些符号代表什么呢？其实这些是力学性能指标的老符号，表 2.3 是常用力学性能名称和符号新旧标准对照表格，希望对我们今后的学习有用。

表 2.3　常用力学性能名称和符号新旧标准对照表

GB/T 228.1—2010		GB/T 228—2002		GB/T 228—1987	
性能名称	符号	性能名称	符号	性能名称	符号
—		—		屈服点	σ_s
上屈服强度	R_{eH}	上屈服强度	R_{eH}	上屈服点	σ_{sU}
下屈服强度	R_{eL}	下屈服强度	R_{eL}	下屈服点	σ_{sL}
规定残余延伸强度	R_r	规定残余延伸强度	R_r	规定残余伸长应力	σ_r
规定塑性延伸强度	R_p	规定塑性延伸强度	R_p	规定非比例伸长应力	σ_p
抗拉强度	R_m	抗拉强度	R_m	抗拉强度	σ_b
断后伸长率	$A,A_{11.3},A_{xmn}$	断后伸长率	$A,A_{11.3},A_{xmn}$	断后伸长率	$\delta_s,\delta_{10},\delta_{xmn}$
断面收缩率	Z	断面收缩率	Z	断面收缩率	ψ

HBS 和 HBW 都是布氏硬度符号，但是有区别，而且 HBS 已经停止使用。2003 年 6 月 1 日以前，我国执行的是国家标准GB/T 231—1984，布氏硬度试验用钢球压头进行试验的用 HBS 表示，用硬质合金球头试验的用 HBW 表示。同样的试块，在其他试验条件完全相同的情况下，两种试验结果不同，HBW 往往大于 HBS，而且并无定量的规律可循。从 2003 年 6 月 1 日开始，原国家标准 GB/T 231—1984 废止，我国等效执行国际标准 ISO 6506，制定了新的国家标准 GB/T 231.1—2002，标准中明确取消了钢球压头，全部采用硬质合金球头。因此 HBS 停止使用，全部用 HBW 表示布氏硬度。

本 章 小 结

(1)金属材料的性能包括使用性能和工艺性能，其中使用性能又分为力学性能、物理性能和化学性能，工程上多以力学性能作为选材依据。

(2)常用的力学性能指标及其含义见表 2.4。

表 2.4　常用的力学性能指标及其含义

力学性能	性能指标			含义
	符号	名称	单位	
强度	R_m	抗拉强度	MPa	试样拉断前所能承受的最大应力
	R_{eL}	屈服强度	MPa	拉伸过程中，力不增加(保持恒定)试样仍能继续伸长时的应力
塑性	A	断后伸长率		标距的伸长与原始标距的百分比
	Z	断面收缩率		颈缩处横截面积的缩减量与原始横截面积的百分比
硬度	HBW	布氏硬度		球形压痕单位面积上所承受的平均压力
	HRA	A 标尺洛氏硬度		用洛氏硬度相应标尺刻度满量程与压痕残余深度之差计算的硬度
	HRB	B 标尺洛氏硬度		
	HRC	C 标尺洛氏硬度		
	HV	维氏硬度		正四棱锥形压痕单位面积上所承受的平均压力
韧性	a_k	冲击韧性		金属材料在断裂前吸收变形能量的能力
疲劳强度	σ_{-1}	疲劳强度		金属在循环应力作用下能经受无限多次循环而不断裂的最大应力

(3)力学性能中强度、塑性、硬度是在静载荷作用下的性能；冲击韧性是在冲击载荷作用下的性能；疲劳强度是在循环载荷作用下的性能。

(4)金属材料的工艺性能包括铸造性能、压力加工性能、焊接性能、切削加工性能和热处理性能。

思 考 与 练 习

2.1　什么是材料的力学性能？力学性能主要包括哪些指标？

2.2　按作用性质不同，载荷分为哪几类？

2.3　什么是内力？什么是应力？应力的单位是什么？

2.4　绘制低碳钢力-伸长曲线，并解释低碳钢力-伸长曲线上的几个变形阶段。

2.5　什么是强度？什么是塑性？衡量这两种性能的指标有哪些？各用什么符号表示？

2.6　什么是硬度？HBW、HRA、HRB、HRC 各代表用什么方法测出的硬度？各种硬度测试方法的特点有什么不同？

2.7　下列各种工件应采用哪种硬度试验方法来测定？并写出硬度符号。

(1)钳工手锤；

(2)供应状态下的各种碳钢钢材；

(3)硬质合金刀片；

(4)铸铁机床床身毛坯件。

2.8　某厂购进一批 15 钢，为进行入厂验收，制成 d_0=10mm 的圆形截面短试样，经拉伸试验后，测得 F_m＝33.81kN、F_{eL}=20.68kN、L_u=65mm、d_u=6mm。按 GB/T 699—2015 规定，15 钢的力学性能判据应符合下列条件：$R_m \geqslant 357$MPa、$R_{eL} \geqslant 225$MPa、$A_5 \geqslant 27\%$、$Z \geqslant 55\%$。试问这批 15 钢的力学性能是否合格？

2.9　什么是疲劳现象？什么是疲劳强度？

2.10　什么是材料的工艺性能？包括哪几种？

2.11　影响材料铸造性能的因素有哪些？

2.12　影响材料压力加工性能的因素有哪些？

第 3 章　金属的晶体结构与结晶

不同的金属材料具有不同的力学性能，即使是同一种金属材料，在不同的条件下其性能也是不同的。金属性能的这些差异从本质上来说，是由其内部结构所决定的。内部结构是指组成材料的原子种类和数量，以及它们的排列方式和空间分布。因此，了解金属的内部结构及其对金属性能的影响，熟悉金属结晶的基本规律，对于控制材料的性能、正确选用和加工金属材料，具有非常重要的意义。

3.1　金属的晶体结构

3.1.1　晶体与非晶体

固态物质按其原子(或分子)的聚集状态是否有序，可分为晶体与非晶体两大类。晶体是指其组成微粒(原子、离子或分子)呈规则排列的物质，晶体具有固定的熔点和凝固点、规则的几何外形和各向异性特点，如金刚石、石墨及一般固态金属材料等均是晶体；非晶体是指其组成微粒无规则地堆积在一起的物质，如玻璃、沥青、石蜡、松香等都是非晶体，非晶体没有固定的熔点，而且性能具有各向同性。随着现代科技的发展，晶体与非晶体之间是可以转化的，如人们通过快速冷却技术，制成了具有特殊性能的非晶态金属材料。

3.1.2　金属的晶体结构

1. 晶格

为了便于描述和理解晶体中原子在三维空间排列的规律性，可把晶体内部原子近似地视为刚性的质点，用一些假想的直线将各质点中心连接起来，形成一个空间格子，如图 3.1(b)所示。这种抽象地用于描述原子在晶体中排列形式的空间几何格子，称为晶格。

2. 晶胞

根据晶体中原子排列规律性和周期性的特点，通常从晶格中选取一个能够充分反映原子排列特点的最小几何单元进行分析，这个反映晶格特征、具有代表性的最小几何单元称为晶胞。晶胞的几何特征可以用晶胞三条棱的边长(晶格常数)a、b、c 和三条棱之间的夹角 α、β、γ 六个参数来描述，如图 3.1(c)所示。

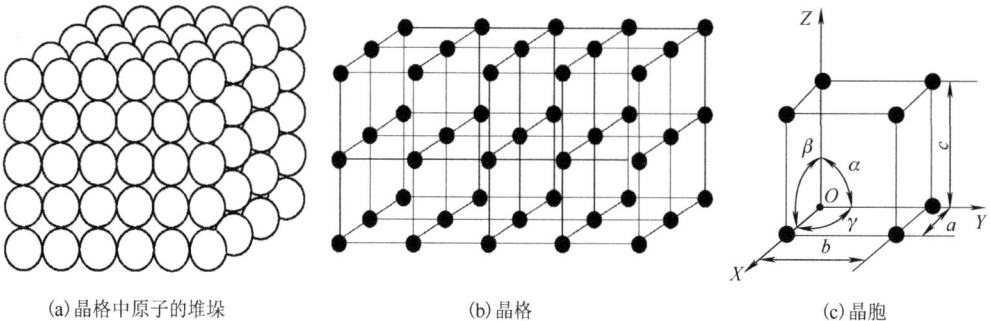

(a)晶格中原子的堆垛　　　　(b)晶格　　　　(c)晶胞

图 3.1　晶格和晶胞

3.1.3   金属晶格的常见类型

在自然界存在的金属元素中，除少数金属具有复杂的晶体结构外，绝大多数金属(占 85% 以上)都具有比较简单的晶体结构。最常见的金属晶体结构有三种类型，即体心立方晶格、面心立方晶格、密排六方晶格。

1. 体心立方晶格

体心立方晶格的晶胞是立方体，立方体的 8 个顶角和中心各有一个原子，因此，每个晶胞实有原子数是 2 个，如图 3.2 所示。具有这种晶格的金属有 α 铁(α-Fe)、钨(W)、钼(Mo)、铬(Cr)、钒(V)、铌(Nb)等约 30 种金属。

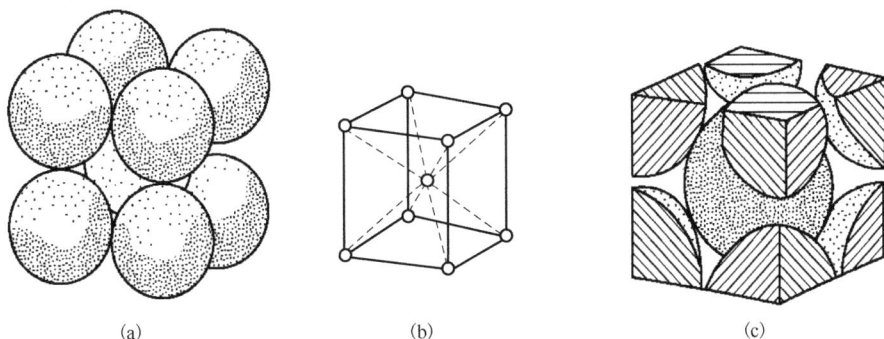

(a)	(b)	(c)

图 3.2   体心立方晶胞

2. 面心立方晶格

面心立方晶格的晶胞也是立方体，立方体的 8 个顶角和 6 个面的中心各有一个原子，因此，每个晶胞实有原子数是 4 个，如图 3.3 所示。具有这种晶格的金属有 γ 铁(γ-Fe)、金(Au)、银(Ag)、铝(Al)、铜(Cu)、镍(Ni)、铅(Pb)等金属。

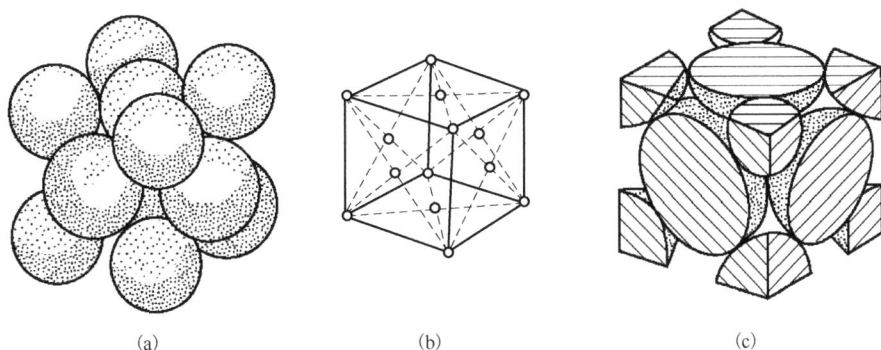

(a)	(b)	(c)

图 3.3   面心立方晶胞

3. 密排六方晶格

密排六方晶格的晶胞是六方柱体，在六方柱体的 12 个顶角和上、下底面中心各有一个原子，另外在上、下面之间还有 3 个原子，因此，每个晶胞实有原子数是 6 个，如图 3.4 所示。具有这种晶格的金属有 α 钛(α-Ti)、镁(Mg)、锌(Zn)、铍(Be)、镉(Cd)等金属。

以上三种晶格由于原子排列规律不同，它们的性能也不同。一般来说，具有体心立方晶格的金属材料，其强度较高而塑性较差；具有面心立方晶格的金属材料，其强度较低而塑性很好；具有密排六方晶格的金属材料，其强度和塑性均较差。当同一种金属的晶格类型发生改变时，金属的性能也会随之发生改变。

(a)   (b)   (c)

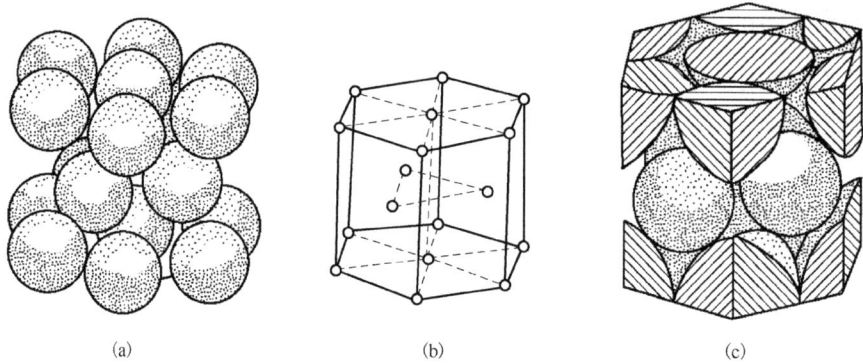

图 3.4　密排六方晶胞

3.2　金属的同素异构转变

　　大多数金属结晶完成后晶格类型不再发生变化。但也有少数金属(如铁、钴、锰、钛、锡等)在结晶为固态后，继续冷却时其晶格类型会发生变化。金属在固态下由一种晶格转变为另一种晶格的过程，称为同素异构转变或称同素异晶转变。

　　如图 3.5 所示，液态纯铁在冷却至 1538℃结晶后具有体心立方晶格，称为δ-Fe；当纯铁冷却到1394℃时，发生同素异构转变，由体心立方晶格的δ-Fe 转变为面心立方晶格的γ-Fe；当纯铁冷却到 912℃时，铁原子排列方式又由面心立方晶格的γ-Fe 转变为体心立方晶格的α-Fe。上述转变过程可由下式表示：

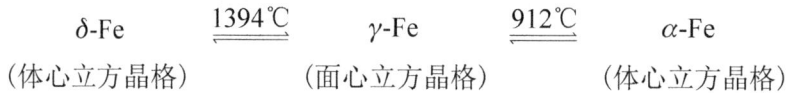

δ-Fe $\xrightarrow{\quad 1394℃ \quad}$ γ-Fe $\xrightarrow{\quad 912℃ \quad}$ α-Fe

(体心立方晶格)　　　　(面心立方晶格)　　　　(体心立方晶格)

　　应该注意，同素异构转变不仅存在于纯铁中，也存在于以铁为基的钢铁材料中。正是因为具有同素异构转变，钢铁材料才具有多种多样的性能，获得广泛应用，并能通过热处理进一步改善其组织和性能。

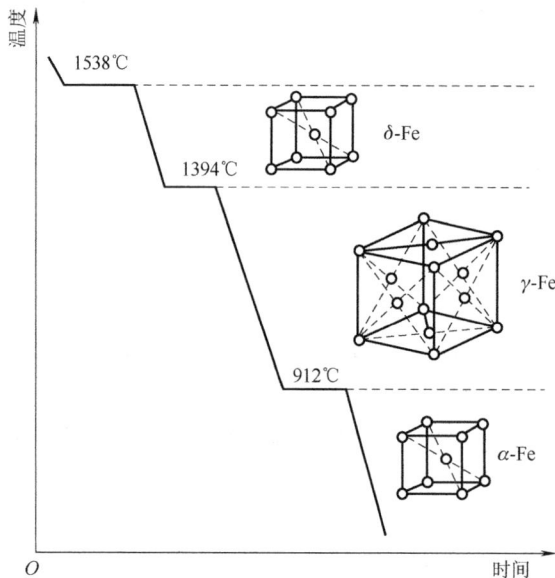

图 3.5　纯铁的冷却曲线

金属发生同素异构转变时原子重新排列，所以它也是一种结晶过程。为了把这种固态下进行的转变与液态结晶相区别，特称为二次结晶或重结晶。

3.3　合金的基本组织

3.3.1　合金概述

1.　组元

组成合金的最基本的独立物质称为组元，简称元。组元通常是组成合金的元素，有时也可将稳定的化合物作为组元。由两个组元组成的合金称为二元合金；由三个组元组成的合金称为三元合金；由三个以上组元组成的合金称为多元合金。例如，普通黄铜就是由铜和锌两种组元组成的二元合金，硬铝是由铝、铜、镁三种组元组成的三元合金。当组元不变，而组元比例发生变化时，可以得到一系列不同成分的合金，将这一系列相同组元的合金称为合金系。

2.　合金系

由两种或两种以上的组元按不同比例配制而成的一系列不同化学成分的所有合金，称为合金系。

3.　相

相是指在一个合金系统中具有相同的物理性能和化学性能，并与该系统的其余部分以界面分开的部分。例如，在铁碳合金中 α-Fe 为一相，Fe_3C 为另一相；水和冰虽然化学成分相同，但其物理性能不同，故为两相。

4.　组织

合金的组织是指合金中不同相之间相互组合而成的综合体，各相的数量、形状、大小及分布方式的不同形成合金组织。可以用肉眼或借助显微镜观察到材料内部的形态结构。合金的组织不同，其性能也就不同。只由一种相组成的组织称为单相组织，由两种或两种以上的相组成的组织称为多相组织。

3.3.2　合金的组织

根据合金中各组元之间结合方式的不同，合金的组织可以分为固溶体、金属化合物、机械混合物三种。

1.　固溶体

一种组元的原子溶入另一组元的晶格中所形成的均匀固相称为固溶体，溶入的元素称为溶质，而基体元素称为溶剂。固溶体保持溶剂的晶格类型，溶质原子则分布在溶剂晶格之中。将糖溶于水中可以得到糖在水中的"液溶体"，其中水是溶剂，糖是溶质。如果糖水结成冰，便得到糖在固态水中的"固溶体"。根据溶质原子在溶剂晶格中所占位置的不同，可将固溶体分为置换固溶体和间隙固溶体。

1)置换固溶体

溶质原子代替一部分溶剂原子，占据溶剂晶格的部分结点位置时，所形成的晶体相称为置换固溶体，如图 3.6(a) 所示。按溶质溶解度的不同，置换固溶体又可分为有限固溶体和无限固溶体。置换固溶体的溶解度主要取决于组元间的晶格类型、原子半径和原子结构。实践证明，大多数置换固溶体只能有限固溶，且溶解度随着温度的升高而增加。只有两组元晶格类型相同、原子半径相差很小时，才可以无限互溶，形成无限固溶体。

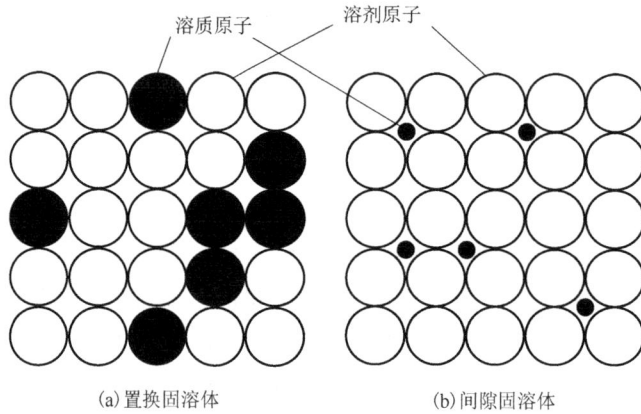

图 3.6 固溶体示意图

2)间隙固溶体

溶质原子嵌入溶剂晶格各结点之间的间隙而形成的固溶体称为间隙固溶体，如图 3.6(b)所示。由于溶剂晶格间隙有限，故间隙固溶体全部为有限固溶体。溶质原子都是一些原子半径比较小的非金属元素，如碳、氮、硼等非金属元素溶入铁中形成的固溶体即属于这种类型。有限固溶体的溶解度与温度有关，温度越高，溶解度越大。

3)固溶强化

值得注意的是：无论置换固溶体，还是间隙固溶体，异类原子的插入都将使固溶体晶格发生畸变(图 3.7)，增加位错运动的阻力，使固溶体的强度、硬度提高。这种通过溶入溶质原子形成固溶体，使合金强度、硬度升高的现象称为固溶强化。固溶强化是强化金属材料的重要途径之一。

实践证明，只要适当控制固溶体中溶质的含量，就能在显著提高金属材料强度的同时仍然使其保持较高的塑性和韧性。

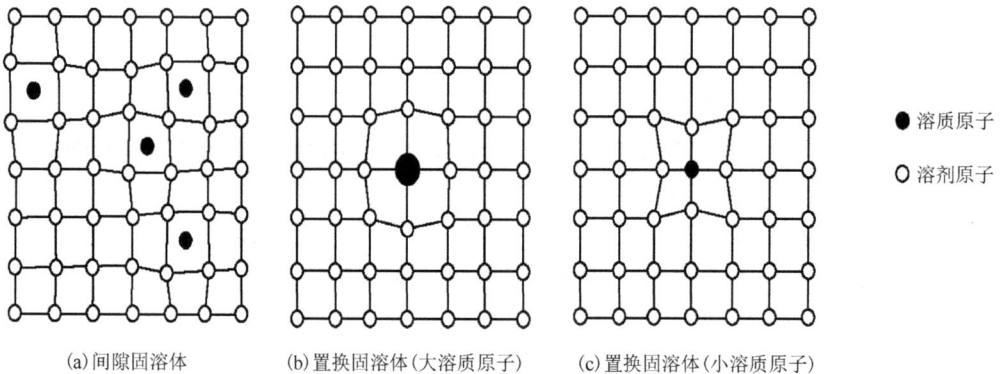

图 3.7 晶格畸变示意图

2. 金属化合物

金属化合物是指合金中各组元之间发生相互作用而形成的具有金属特性的一种新相。金属化合物的晶格类型不同于任一组元，一般具有复杂的晶格结构，其性能具有"三高一稳定"的特点，即高熔点、高硬度、高脆性和良好的化学稳定性。合金中出现化合物时，通常能显著地提高合金的强度、硬度和耐磨性，但塑性和韧性也会明显降低。金属化合物是各种合金钢、硬质合金和许多有色金属的重要组成相。

3. 机械混合物

固溶体和金属化合物均是组成合金的基本相。由两相或两相以上组成的多相组织，称为机械混合物。在机械混合物中，各组成相仍保持着它原有晶格的类型和性能，而整个机械混合物的性能则介于各组成相的性能之间，并与各组成相的性能以及相的数量、形状、大小和分布状况等密切相关。绝大多数金属材料中存在机械混合物这种组织状态。

拓 展 阅 读

纯金属的结晶过程

1. 形核

液态金属的结晶是在一定过冷度的条件下，从液体中首先形成一些按一定晶格类型排列的微小而稳定的小晶体，然后以它为核心逐渐长大的。这些作为结晶核心的微小晶体称为晶核。在晶核长大的同时，液体中又不断产生新的晶核并且不断长大，直到它们互相接触，液体完全消失。简言之，结晶过程是晶核的形成与长大的过程，如图 3.8 所示。

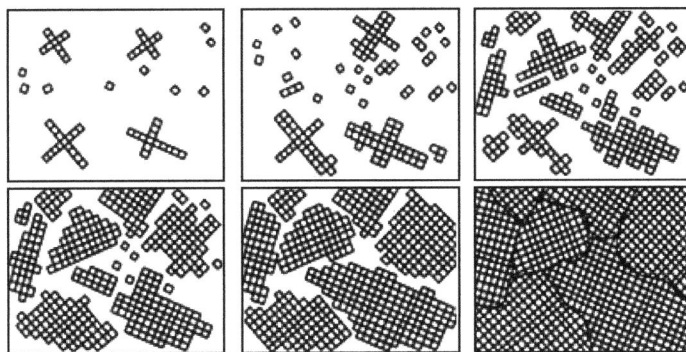

图 3.8　纯金属结晶过程示意图

在一定过冷条件下，仅依靠自身原子有规则排列而形成晶核，这种形核方式称为自发形核；在液态金属中常存在着各种固态的杂质微粒，依附于这些固态微粒也可以形成晶核，这种形核方式称为非自发形核。通常自发形核和非自发形核是同时存在的，在实际金属的结晶过程中，非自发形核往往起主导作用。

2. 晶核长大

在过冷条件下，晶核一旦形成就立即开始长大。在晶核长大的初期，其外形比较规则。随即晶核优先沿一定方向按树枝状生长方式长大。晶体的这种生长方式就像树枝一样，先长出干枝，再长出分枝，所得到的晶体称为树枝状晶体，简称枝晶。当成长的枝晶与相邻晶体的枝晶互相接触时，晶体就向着尚未凝固的部位生长，直到枝晶间的金属液晶粒全部凝固，最后形成许多互相接触而外形不规则的晶体。这些外形不规则而内部原子排列规则的小晶体称为晶粒，晶粒与晶粒之间的分界面称为晶界。结晶后只有一个晶粒的晶体称为单晶体，单晶体中的原子排列位向是完全一致的，其性能是各向异性的。结晶后由许多位向不同的晶粒组成的晶体称为多晶体。由于多晶体内各晶粒位向互不一致，它们表现的各向异性彼此抵消，故显示出各向同性，称为伪各向同性。

3. 晶粒大小对金属力学性能的影响

金属的晶粒大小对金属的力学性能具有重要的影响。实验表明，在室温下的细晶粒金属比粗晶粒金属具有更高的强度、硬度、塑性和韧性。工业上将通过细化晶粒来提高材料强度的方法称为细晶强化。表 3.1 为晶粒大小对纯铁力学性能的影响。

表 3.1　晶粒大小对纯铁力学性能的影响

晶粒平均直径/μm	R_m/MPa	R_{eL}/MPa	A/%
70	184	34	30.6
25	216	45	39.5
2.0	268	58	48.8
1.6	270	66	50.7

为了提高金属的力学性能，必须控制金属结晶后的晶粒大小。由结晶过程可知：金属晶粒大小取决于结晶时的形核率（单位时间、单位体积所形成的晶核数目）与晶核的长大速度。形核率越高，长大速度越慢，结晶后的晶粒越细小。因此，细化晶粒的根本途径是提高形核率及降低晶核长大速度。

常用细化晶粒的方法有以下几种。

1）增加过冷度

金属的形核率和长大速度均随过冷度不同而发生变化，但两者的变化速率不同，在很大范围内形核率比晶核长大速度增长更快，因此，增加过冷度能使晶粒细化。图 3.9 为形核率和晶核长大速度与过冷度的关系。在铸造生产时用金属型浇注的铸件比用砂型浇注得到的铸

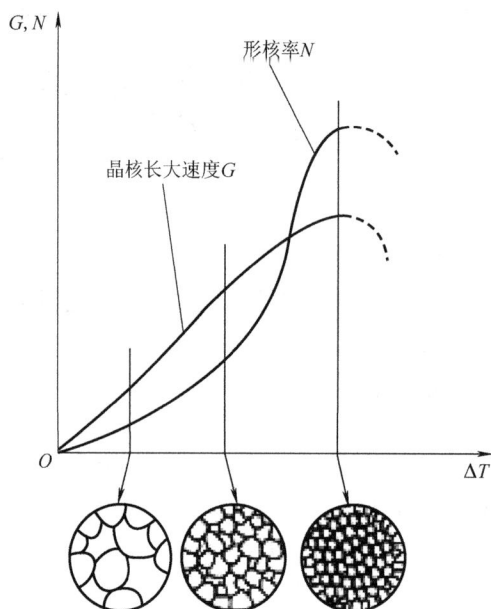

图 3.9　形核率和晶核长大速度与过冷度的关系图

件晶粒细小，就是因为金属型散热快，过冷度大。这种方法只适用于中、小型铸件，因为大型铸件冷却速度较慢，不易获得较大的过冷度，而且冷却速度过大时容易造成铸件变形、开裂，对于大型铸件可采用其他方法使晶粒细化。

随着急冷技术的发展，人们已成功研制出超细晶金属、非晶态金属等新材料。例如，使液态金属连续流入旋转的冷却轧辊之间，急冷后可获得非晶态金属材料薄带。非晶态金属具有高的强度和韧性、优异的软磁性能、高的电阻率、良好的耐蚀性等优良性能。

2) 变质处理

变质处理又称为孕育处理，是在浇注前向液态金属中加入一些细小的形核剂(又称为变质剂或孕育剂)，使它们分散在金属液中作为人工晶核，以增加形核率或降低晶核长大速度，从而获得细小的晶粒。

例如，向钢液中加入铁、硼、铝等，向铸铁中加入硅铁、硅钙等变质剂，均能起到细化晶粒的作用。生产中大型铸件或厚壁铸件，常采用变质处理的方法细化晶粒。

3) 振动处理

金属在结晶时，对金属液加以机械振动、超声波振动和电磁振动等，一方面外加能量能促进形核，另一方面击碎正在生长中的枝晶，破碎的枝晶又可作为新的晶核，从而增加形核率，达到细化晶粒的目的。

本 章 小 结

(1) 金属都是晶体结构。常见的晶格类型有体心立方晶格、面心立方晶格和密排六方晶格。

(2) 纯铁的同素异晶转变为

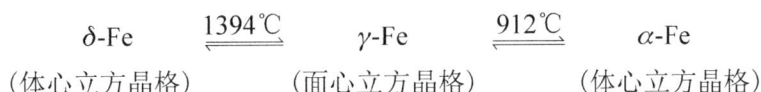

$$\delta\text{-Fe} \xrightleftharpoons{1394℃} \gamma\text{-Fe} \xrightleftharpoons{912℃} \alpha\text{-Fe}$$

（体心立方晶格）　　　　（面心立方晶格）　　　　（体心立方晶格）

(3) 合金的相结构根据各元素在结晶时相互作用的不同可以归纳为三大类：固溶体、金属化合物和机械混合物。

思 考 与 练 习

3.1　金属晶格的常见类型有哪几种？它们各有哪些性能特点？

3.2　什么是同素异晶转变？以 Fe 为例，指出 Fe 的相变温度和 α-Fe、γ-Fe、δ-Fe 的晶体结构。

3.3　解释固溶体、金属化合物、机械混合物。

第4章 铁碳合金相图

铁碳合金是由铁和碳两种元素为主组成的合金，如钢和铸铁都是铁碳合金。铁碳合金相图是研究铁碳合金组织、化学成分、温度关系的重要图形，掌握铁碳合金相图，对了解钢铁的组织、性能以及制定钢铁的各种加工工艺有着重要的指导作用。

4.1 铁碳合金的基本组织

钢铁材料是现代工业中应用最为广泛的金属材料，其中碳钢和铸铁都是铁碳合金。在铁碳合金中，碳与铁可以形成固溶体，也可以形成金属化合物，还可以形成机械混合物。在铁碳合金中有以下几种基本相及组织。

1. 铁素体

碳溶于α-Fe中形成的间隙固溶体称为铁素体，用符号F(或α)表示，铁素体仍保持α-Fe的体心立方晶格，碳在α-Fe中的位置如图4.1所示。碳在铁素体的溶解度很小，在727℃时为0.0218%，随着温度的下降其溶解度逐渐减小，室温时为0.0008%，几乎为零，所以在室温状态下铁素体的性能几乎与纯铁相同，即强度和硬度较低(R_m=180～280MPa，50～80HBW)，而塑性和韧性好($A_{11.3}$=30%～50%，KU≈128～160J)。在显微镜下观察，铁素体呈明亮的多边形晶粒，如图4.2所示。

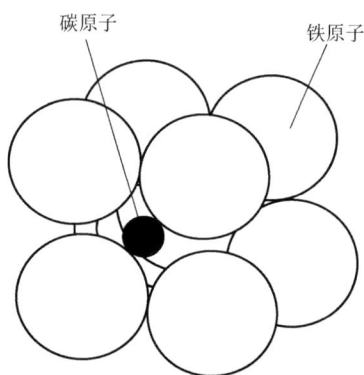

图 4.1　铁素体的模型

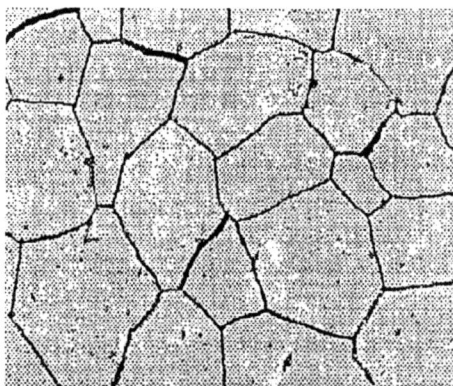

图 4.2　铁素体显微组织

2. 奥氏体

奥氏体是碳溶解于面心立方晶格的γ-Fe中形成的间隙固溶体，常用符号A(或γ)表示。奥氏体仍保持γ-Fe的面心立方晶格，碳在γ-Fe中的位置如图4.3所示。奥氏体溶碳能力较大，在1148℃时溶碳量最大(w_C=2.11%)，随着温度下降溶碳量逐渐减小，在727℃时的溶碳量为w_C=0.77%。

　　奥氏体具有一定的强度和硬度($R_m \approx 400\text{MPa}$，160～220HBW)，塑性好($A_{11.3} \approx 40\%$～50%)。在机械制造中，奥氏体塑性好，便于成形，因此，钢材大多数要加热至高温奥氏体状态进行压力加工。奥氏体的显微组织呈多边形晶粒状态，但晶界比铁素体的晶界平直些，如图4.4 所示。

　　值得注意的是：稳定的奥氏体属于铁碳合金的高温组织，当铁碳合金缓冷到727℃时，奥氏体将发生转变，转变为其他类型的组织。

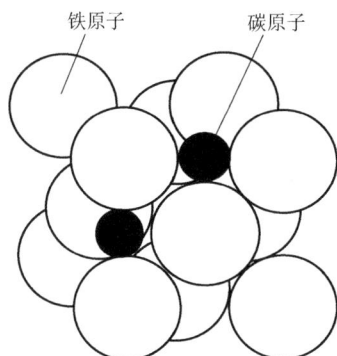

图 4.3　奥氏体的模型

图 4.4　奥氏体显微组织

3. 渗碳体

　　渗碳体是一种具有复杂晶体结构的金属化合物，其化学式为 Fe_3C。渗碳体的晶格形式与碳和铁都不一样，是复杂的晶格类型，如图4.5 所示。渗碳体中碳的含量是 $w_C=6.69\%$，其熔点为 1227℃。渗碳体的结构比较复杂，硬度高(约为 800HV)，脆性大，塑性与韧性极低。渗碳体在钢和铸铁中与其他相共存时呈片状、球状、网状或板条状，并且当渗碳体以适量、细小、均匀状态分布时，可作为钢铁的强化相；相反，当渗碳体数量过多或呈粗大、不均匀状态分布时，将使钢铁的韧性降低，脆性增大。

　　渗碳体不发生同素异构转变，有磁性转变。渗碳体是亚稳定的金属化合物，在一定条件下，渗碳体可分解成铁和石墨，这一过程对于铸铁的生产具有重要意义。

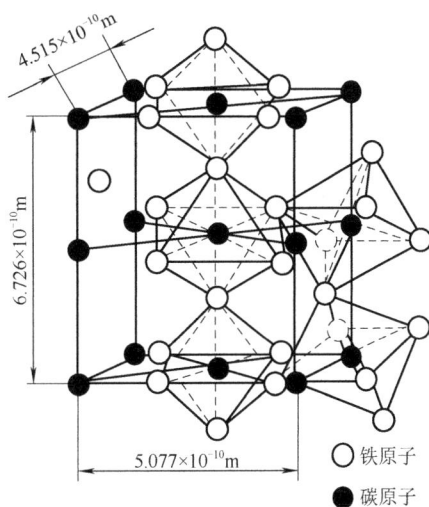

图 4.5　渗碳体的晶胞模型

4. 珠光体

　　珠光体是奥氏体从高温缓慢冷却时发生共析转变所形成的组织。常见的珠光体是铁素体薄层和渗碳体薄层交替重叠的层状复相组织。珠光体也是铁素体(软)和渗碳体(硬)组成的机械混合物，常用符号 P 表示。在珠光体中，铁素体和渗碳体仍保持各自原有的晶格类型。珠光体中碳的平均含量为 $w_C=0.77\%$。珠光体的性能介于铁素体和渗碳体之间，有一定的强度

（$R_m \approx 770MPa$）、塑性（$A_{11.3} \approx 20\% \sim 35\%$）和韧性（$KU \approx 24 \sim 32J$），硬度适中（180HBW），是一种综合力学性能较好的组织。

在珠光体的组织中，渗碳体一般呈片状分布在铁素体基体上，铁素体薄层和渗碳体薄层交替重叠，显微组织形态酷似珍珠贝母外壳图纹，故称为珠光体组织，如图4.6所示。

5. 莱氏体

莱氏体是指高碳的铁基合金在凝固过程中发生共晶转变时所形成的奥氏体和渗碳体组成的共晶体。莱氏体的含碳量为 $w_C = 4.3\%$，用符号 Ld 表示。$w_C > 2.11\%$ 的铁碳合金从液态缓冷至 1148℃时，将同时从液体中结晶出奥氏体和渗碳体的机械混合物（即莱氏体）。由于奥氏体在 727℃时转变为珠光体，所以，在室温时莱氏体由珠光体和渗碳体组成。为了区别起见，将 727℃以上存在的莱氏体称为高温莱氏体（Ld），将 727℃以下存在的莱氏体称为低温莱氏体（L′d），或称变态莱氏体。

莱氏体的性能与渗碳体相似，硬度很高（相当于 700HBW），塑性很差。莱氏体的显微组织可以看成在渗碳体的基体上分布着颗粒状的奥氏体（或珠光体），如图4.7所示。

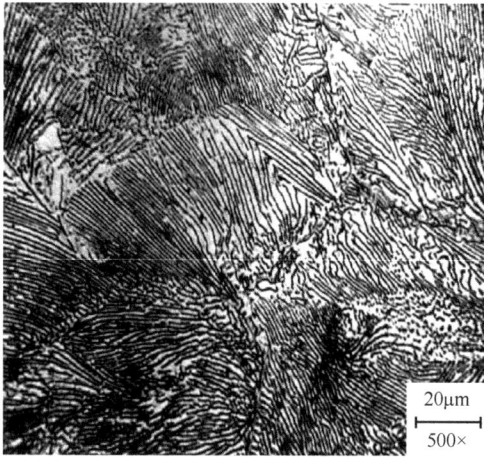

20μm
500×

图4.6 珠光体显微组织

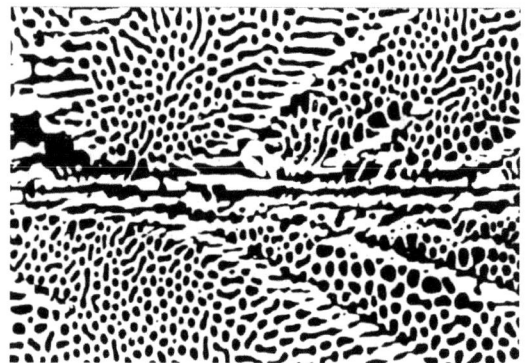

图4.7 低温莱氏体显微组织

上述五种基本组织中，铁素体、奥氏体和渗碳体都是单相组织，称为铁碳合金的基本相；珠光体、莱氏体则是由基本相组成的多相组织。铁碳合金的基本组织和力学性能见表4.1。

表4.1 铁碳合金的基本组织和力学性能

组织名称	符号	碳的质量分数/%	存在温度区间	力学性能		
				R_m/MPa	A/%	硬度(HBW)
铁素体	F	0.0218	室温～912℃	180～280	30～50	50～80
奥氏体	A	2.11	727℃以上		40～60	120～220
渗碳体	Fe₃C	6.69	室温～1148℃	30	0	800
珠光体	P	0.77	室温～727℃	800	20～35	180
莱氏体	L′d	4.30	室温～727℃		0	>700
	Ld		727～1148℃			

4.2　铁碳合金相图分析

4.2.1　铁碳合金相图的形成

合金相图是表示在极缓慢冷却(或加热)条件下，不同化学成分的合金在不同温度下所具有的组织状态的一种图形。生产实践表明，$w_C > 5\%$ 的铁碳合金，尤其当增加到 $w_C = 6.69\%$ 时，铁碳合金几乎全部变为渗碳体(Fe_3C)。渗碳体硬而脆，机械加工困难，在机械工程上很少应用。因此，在研究铁碳合金相图时，只需研究 $w_C \leqslant 6.69\%$ 部分。而 $w_C = 6.69\%$ 时，铁碳合金全部为亚稳定的渗碳体，渗碳体可看成铁碳合金的一个组元。因此，研究铁碳合金相图，就是研究 $Fe\text{-}Fe_3C$ 相图(部分)，图 4.8 为简化的 $Fe\text{-}Fe_3C$ 相图。

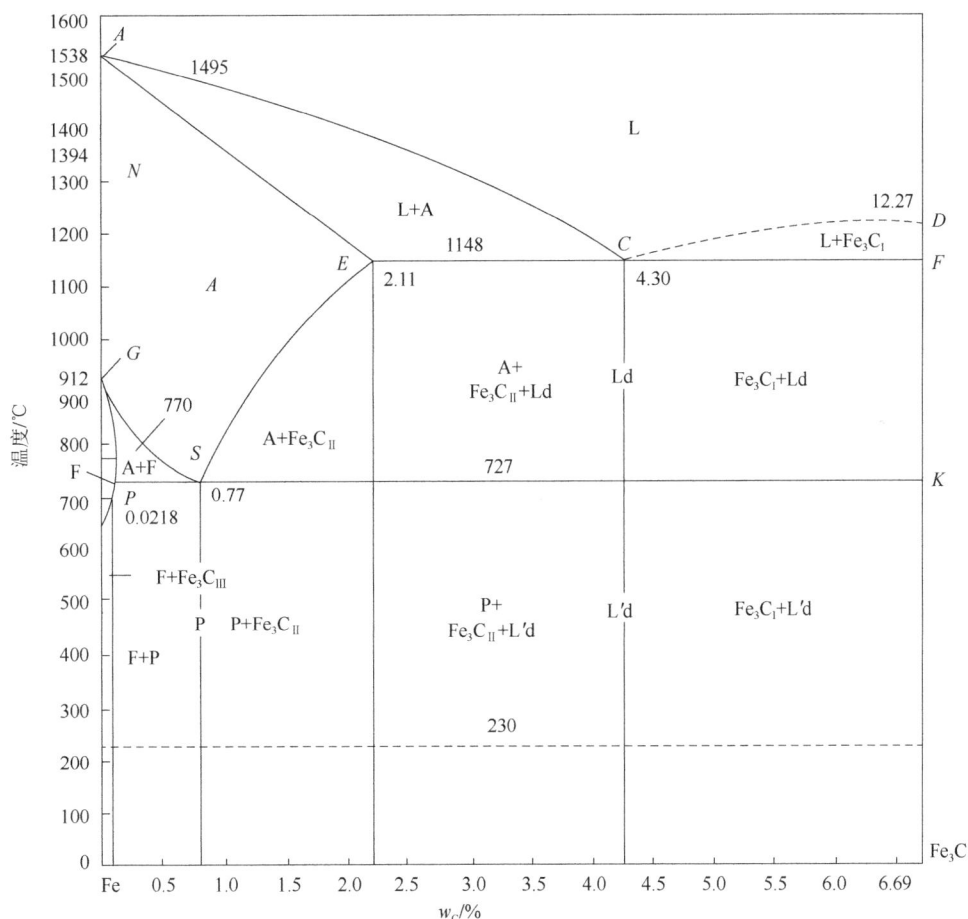

图 4.8　简化的 $Fe\text{-}Fe_3C$ 相图

1. $Fe\text{-}Fe_3C$ 相图中的特征点

铁碳合金相图中主要特征点的温度、含碳量及含义见表 4.2。

表 4.2　Fe-Fe₃C 相图中特征点的温度、含碳量及含义

点的符号	温度/℃	碳的质量分数/%	含义
A	1538	0	纯铁的熔点或结晶温度
C	1148	4.3	共晶点，发生共晶转变 $L_{4.3} \rightleftharpoons A_{2.11} + Fe_3C$
D	1227	6.69	渗碳体的熔点
E	1148	2.11	碳在 γ-Fe 中的最大溶解度
F	1148	6.69	共晶渗碳体的化学成分点
G	912	0	纯铁的同素异构转变点
S	727	0.77	共析点，发生共析转变 $A_{0.77} \rightleftharpoons F_{0.0218} + Fe_3C$
P	727	0.0218	碳在 α-Fe 中的最大溶解度

2. Fe-Fe₃C 相图中的主要特性线

1)ACD 线

液相线，在此线以上区域为液相，称为液相区，用 L 表示，对应成分的液态合金冷却到此线上的对应点时开始结晶。在 AC 线以下结晶出奥氏体，在 CD 线以下结晶出渗碳体(称为一次渗碳体 Fe_3C_I)。

2)AECF 线

固相线，对应成分的液态合金冷却到此线上的对应点时完成结晶过程，转变为固态，此线以下为固相区。在液相线与固相线之间是液态合金从开始结晶到结晶终了的过渡区，所以此区域液相与固相并存。AEC 区内为液相合金与固相奥氏体并存，CDF 区内为液相合金与固相渗碳体并存。

3)ECF 线

共晶线，当不同成分的液态合金冷却到此线(1148℃)时，在此之前已结晶出部分固相(A 或 Fe₃C)，剩余液态合金碳的质量分数变为 4.3%，将发生共晶转变，从剩余液态合金中同时结晶出奥氏体和渗碳体的混合物，即莱氏体(Ld)。共晶转变是一种可逆转变，$L_C \rightleftharpoons Ld(A+Fe_3C)$。

4)PSK 线

共析线，当合金冷却到此线(727℃)时将发生共析转变，从奥氏体中同时析出铁素体和渗碳体的混合物，即珠光体(P)。共析转变也是一种可逆转变，$A_S \rightleftharpoons P(F+Fe_3C)$。

5)GS 线

奥氏体冷却时析出铁素体的开始线(或加热时铁素体转变为奥氏体的终止线)，又称为 A_3 线。奥氏体向铁素体的转变是铁发生同素异构转变的结果。

6)ES 线

碳在奥氏体中的溶解度曲线，又称为 A_{cm} 线。随着温度的变化，奥氏体的溶碳能力沿该线上的对应点变化。在 1148℃时，碳在奥氏体中的溶解度最大为 2.11%(E 点碳的质量分数)，在 727℃时降到 0.77%(S 点碳的质量分数)。

7)GP 线

GP 线为冷却时奥氏体组织转变为铁素体的终了线或者加热时铁素体转变为奥氏体的开始线。

8)PQ 线

PQ 线是碳在铁素体中的溶解度变化曲线。它表示随着温度的降低，铁素体中的碳的质量

分数沿着 PQ 线逐渐减少，在 727℃时碳在铁素体中的最大溶解度是 0.0218%，冷却时多余的碳以渗碳体形式析出，称为三次渗碳体，用 Fe_3C_{III} 表示。由于 Fe_3C_{III} 数量极少，在一般钢中影响不大，故可忽略。

在 $AGSE$ 区内为单相奥氏体。含碳量较高($w_C>0.77\%$)的奥氏体，在从 1148℃缓冷到727℃的过程中，由于其溶碳能力降低，多余的碳会以渗碳体的形式从奥氏体中析出，称为二次渗碳体(Fe_3C_{II})。

Fe-Fe_3C 相图的特性线及其含义见表 4.3。

表 4.3　Fe-Fe₃C 相图中的特征线及含义

特性线	含义
ACD	液相线
$AECF$	固相线
GS	常称为 A_3 线，冷却时从不同含碳量的奥氏体中析出铁素体的开始线
ES	常称为 A_{cm} 线，碳在奥氏体中的饱和溶解度曲线
ECF	共晶线，$L_C \rightleftharpoons Ld(A+Fe_3C)$
PSK	共析线，常称为 A_1 线，$A_S \rightleftharpoons P(A+Fe_3C)$

4.2.2　铁碳合金的分类

根据铁碳合金的含碳量及组织不同，可将其分为三类。

1. 工业纯铁($w_C<0.0218\%$)

组织为铁素体和极少量的三次渗碳体，塑性好、韧性很好，而强度和硬度很低。

2. 钢($w_C=0.0218\%\sim2.11\%$)

根据室温组织不同，钢又可分为以下三种。

亚共析钢($w_C<0.77\%$)：组织是铁素体和珠光体，随着碳的质量分数的增加，钢的强度和硬度呈直线上升，而塑性、韧性不断下降。

共析钢($w_C=0.77\%$)：组织是珠光体。

过共析钢($w_C>0.77\%$)：组织是珠光体和二次渗碳体，钢中 $w_C>0.9\%$ 时，脆性的二次渗碳体数量也相应增加，形成网状分布，使其脆性增加，不仅使钢的塑性、韧性进一步下降，强度也明显下降。因此，工业上使用钢的 $w_C=1.3\%\sim1.4\%$。

3. 白口铸铁($w_C=2.11\%\sim6.69\%$)

特硬特脆，难以切削加工，因此很少应用。但它耐磨性好，铸造性能优良，适用于耐磨、不受冲击、形状复杂的铸件。此外，还用作生产可锻铸铁的毛坯。根据室温组织的不同，白口铸铁又可分为以下三种。

亚共晶白口铸铁($w_C<4.3\%$)：组织是珠光体、二次渗碳体和莱氏体。

共晶白口铸铁($w_C=4.3\%$)：组织是莱氏体。

过共晶白口铸铁($w_C>4.3\%$)：组织是一次渗碳体和莱氏体。

4.2.3　含碳量对铁碳合金组织和性能的影响

1. 含碳量对铁碳合金平衡组织的影响

对铁碳合金结晶过程中组织转变的分析得知，室温下共析钢的基本组成物质是珠光体，亚共析钢为珠光体和铁素体,过共析钢为珠光体和二次渗碳体。室温下共晶白口铸铁的基本组成物质是低温莱氏体,亚共晶白口铸铁由低温莱氏体、珠光体和二次渗碳体组成,过共晶白口铸铁由低温莱氏体和一次渗碳体组成。

铁碳合金随着含碳量不同,其室温组织顺序为 F→F+P→P→P+Fe₃C_{II}→P+Fe₃C_{II}+L'd→L'd→L'd+Fe₃C₁。其中的珠光体和低温莱氏体由铁素体与渗碳体组成,因此可以认为铁碳合金的室温组织都是由铁素体和渗碳体组成的。其中铁素体是钢中的软韧相,渗碳体是钢中的强化相。铁素体在室温时的含碳量很低,因此在铁碳合金中碳主要以渗碳体的形式存在。

2. 含碳量对力学性能的影响

铁碳合金的成分对合金的力学性能有直接的影响。图4.9为含碳量对退火钢力学性能的影响。铁碳合金含碳量越高,钢中的硬脆相 Fe₃C 越多,钢的强度、硬度越高,而塑性、韧性越低。当碳的质量分数超过0.9%以后,由于二次渗碳体沿晶界呈网状分布,将钢中的珠光体组织割裂开来,钢的强度有所降低。为了保证工业上使用的钢有足够的强度,并具有一定的塑性和韧性,钢材碳的质量分数一般不超过1.4%。

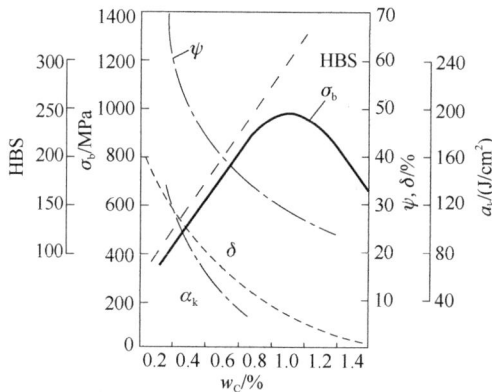

图4.9　含碳量对退火钢力学性能的影响

3. 含碳量对工艺性能的影响

1)铸造性

铸铁的流动性比钢好,易于铸造,特别是靠近共晶成分的铸铁,其结晶温度低,流动性好,铸造性能最好。从相图上看,结晶温度越高,结晶温度区间越大,越容易形成分散缩孔和偏析,铸造性能越差。

2)锻造性

低碳钢的锻造性比高碳钢好。由于钢加热呈单相奥氏体状态时塑性好、强度低,便于塑性变形,所以一般锻造都在奥氏体状态下进行。

3)焊接性

含碳量越低,钢的焊接性能越好,所以低碳钢比高碳钢更容易焊接。

4)切削加工性

含碳量过高或过低,都会降低其切削加工性能。一般认为中碳钢的塑性适中,硬度在160~230HBW 时,切削加工性能最好。

4.3　铁碳合金相图的应用

铁碳合金相图从客观上反映了钢铁材料的组织随化学成分和温度而变化的规律，因此，它在工程上为零件选材以及制定零件铸、锻、焊、热处理等热加工工艺提供了理论依据。

4.3.1　在选材方面的应用

铁碳合金相图总结了铁碳合金组织和性能随成分的变化规律，这样就可以根据零件的工作条件和性能要求来选择合适的材料。建筑结构和各种型钢需要使用塑性、韧性好的材料，因此选用含碳量较低的钢材。各种机械零件需要使用强度、塑性及韧性都较好的材料，应选用含碳量适中的中碳钢。各种工具需要使用硬度高和耐磨性好的材料，则选含碳量高的钢种。纯铁磁导率高，矫顽力低，可作软磁材料使用，如制作电磁铁的铁心等。白口铸铁硬度高、脆性大，不能切削加工，也不能锻造，但其耐磨性好，铸造性能优良，适用于制作要求耐磨、不受冲击、形状复杂的铸件，如拔丝模、冷轧辊、货车轮、犁铧、球磨机的磨球等。

随着生产技术的发展，人们对钢铁材料的要求越来越高，这就需要按照新的需求，根据国内资源研制新材料，而铁碳合金相图可作为材料研制中预测其组织的基本依据。例如，在碳钢中加入锰，可以改变共析点的位置，提高组织中珠光体的相对含量，从而提高钢的硬度和强度。

4.3.2　在热加工方面的应用

图 4.10 为 Fe-Fe$_3$C 相图与铸、锻工艺的关系。

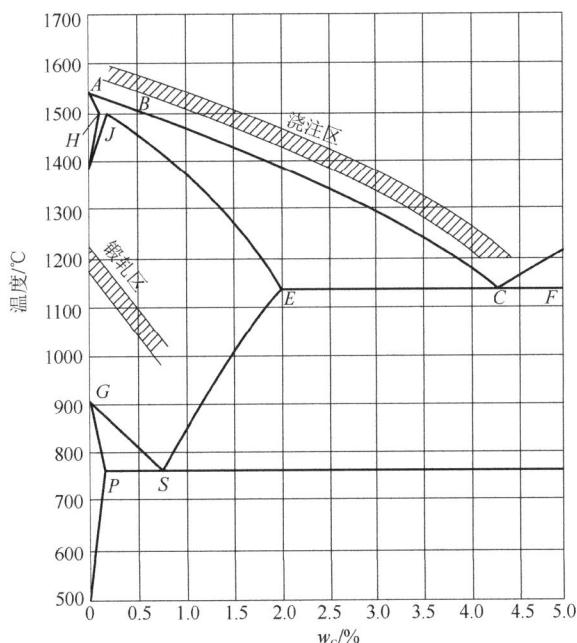

图 4.10　Fe-Fe$_3$C 相图与铸、锻工艺的关系

1. 在铸造方面的应用

由铁碳合金相图可见，共晶成分的铁碳合金熔点最低，结晶温度范围最小，具有良好的

铸造性能。因此，在铸造生产中，经常选用接近共晶成分的铸铁。

根据相图中液相线的位置，可确定各种铸钢和铸铁的浇注温度，为制定铸造工艺提供依据。与铸铁相比，钢的熔化温度和浇注温度要高得多，其铸造性能较差，易产生收缩，因而钢的铸造工艺比较复杂，浇注温度一般在液相线以上 50~100℃。

2. 在压力加工方面的应用

奥氏体的强度较低，塑性较好，便于塑性变形，因此，钢材的锻造、轧制均选择在单相奥氏体区的适当温度范围内进行。一般始锻(轧)温度控制在固相线以下 100~200℃，温度过高，钢材易发生严重氧化或晶界熔化；终锻(轧)温度的选择可根据钢种和加工目的不同而异。对亚共析钢，一般控制在 GS 线以上，避免在加工时铁素体呈带状组织而使钢材韧性降低。为了提高强度，某些低合金高强度钢选择 800℃ 为终轧温度。过共析钢变形终止温度应控制在 PSK 线以上一点，一般始锻温度为 1150~1250℃，终锻温度为 800~850℃。

3. 在焊接方面的应用

焊接时从焊缝到母材各区域的加热温度是不同的，由铁碳合金相图可知，具有不同加热温度的各区域在随后的冷却中可能会出现不同的组织与性能，这就需要在焊接后采用热处理方法加以改善。

4. 在热处理方面的应用

铁碳合金相图对制定热处理工艺有着特别重要的意义，这将在后续章节中详细介绍。

在运用 Fe-Fe₃C 相图时应注意以下两点：

(1) Fe-Fe₃C 相图只反映铁碳二元合金中相的平衡状态，如果含有其他元素，相图将发生变化；

(2) Fe-Fe₃C 相图反映的是平衡条件下铁碳合金中相的状态，若冷却或加热速度较快，其组织转变就不能只用相图来分析了。

拓 展 阅 读

典型铁碳合金的结晶过程分析

下面以典型铁碳合金(图 4.11)为例，分析它们的结晶过程及组织转变。

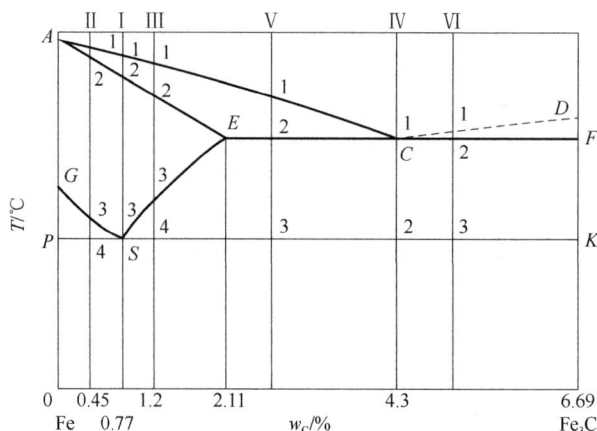

图 4.11　典型铁碳合金结晶过程示意图

1. 共析钢的结晶过程分析

共析钢(w_C =0.77%)的冷却过程如图 4.11 中 I 线所示。液态合金在 1 点温度以上全部为液相(L); 缓冷至 1 点温度时, 开始从液相中结晶出奥氏体(A)。

随着温度的降低, 奥氏体增多, 液相减少; 缓冷至 2 点温度时, 液相全部结晶为奥氏体; 在 2～3 点温度范围内为单相奥氏体的冷却; 当冷却到 3 点时奥氏体发生共析转变 $A_{0.77} \underset{}{\overset{727℃}{\rightleftharpoons}} P(F+Fe_3C)$, 奥氏体(A)转变为珠光体(P), 如图 4.12 所示。

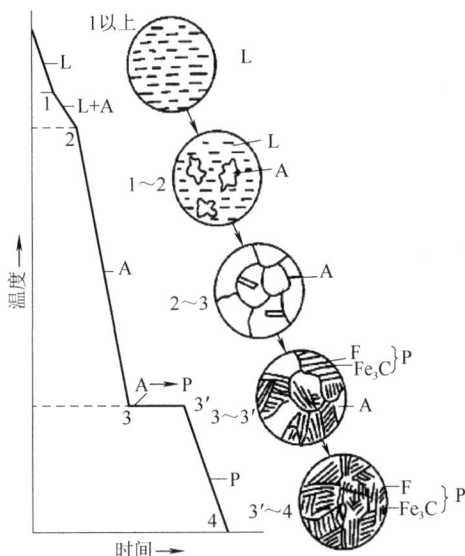

图 4.12　共析钢结晶过程示意图

2. 亚共析钢的结晶过程分析

亚共析钢(0.0218% < w_C <0.77%)的冷却过程如图 4.11 中 II 线所示。当液态合金冷却典型铁碳合金在 Fe-Fe$_3$C 相图(图 4.11)中的位置至 AC 线上的 1 点时开始结晶出奥氏体, 到 2 点时结晶完毕。在 2～3 点, 奥氏体组织不发生转变, 冷却到与 GS 线相交的 3 点时, 从奥氏体中开始析出铁素体(F)。因为铁素体中碳的质量分数为 0.0218%, 随着铁素体的析出, 剩余奥氏体中含碳量增高, 当温度降至与 PSK 线相交的 4 点时,剩余奥氏体中碳的质量分数达到 0.77%, 此时, 奥氏体发生共析转变, 转变为珠光体。4 点以下至室温, 合金组织基本不发生变化, 如图 4.13 所示。

亚共析钢的室温组织由珠光体和铁素体组成, 亚共析钢的含碳量越高, 珠光体数量越多。

3. 过共析钢的结晶过程分析

过共析钢(0.77%< w_C < 2.11%)的冷却过程如图 4.11 中 III 线所示。液态合金冷却到 1 点时, 开始结晶出奥氏体, 到 2 点时奥氏体结晶完毕, 2～3 点为单相奥氏体。随着温度的下降, 奥氏体的溶碳能力降低, 当合金冷却到与 ES 线相交的 3 点时, 奥氏体中的含碳量达到饱和, 继续冷却, 碳以渗碳体的形式从奥氏体中析出, 称为二次渗碳体(Fe$_3$C$_{II}$)。当温度降至与 PSK 线相交的 4 点时, 剩余奥氏体中碳的质量分数达到 0.77%, 发生共析转变, 奥氏体转变为珠光体。4 点以下至室温, 合金组织基本不发生变化, 如图 4.14 所示。

过共析钢室温下得到的平衡组织为二次渗碳体和珠光体, 二次渗碳体一般沿奥氏体晶界析出, 呈网状分布。钢中含碳量越多, 二次渗碳体越多。

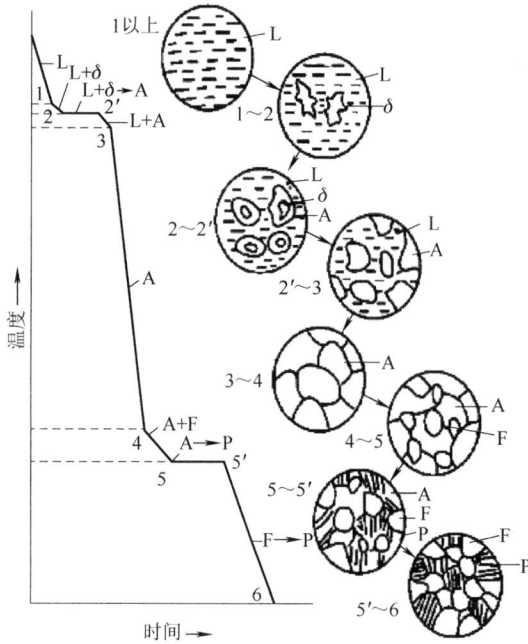

图 4.13　亚共析钢结晶过程示意图

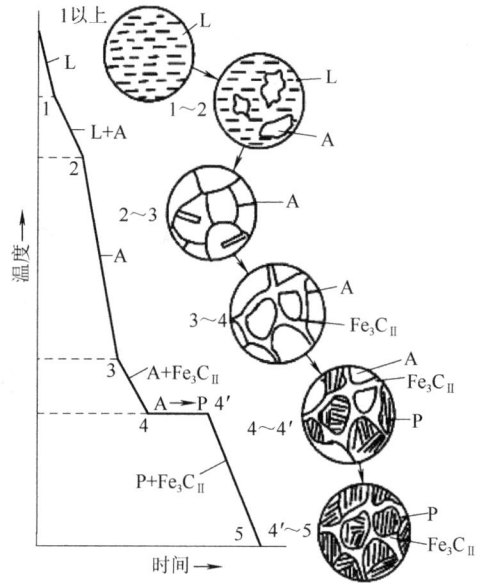

图 4.14　过共析钢结晶过程示意图

4. 共晶白口铸铁的结晶过程分析

共晶白口铸铁(w_C=4.3%)的冷却过程如图 4.11 中Ⅳ线所示。当液态合金冷却至 1 点温度时，将发生共晶转变，生成莱氏体(Ld)，即奥氏体和共晶渗碳体 Fe_3C 的混合物。由 1 点温度继续冷却，奥氏体的溶碳能力逐渐降低，莱氏体中的奥氏体不断析出二次渗碳体。当温度降到 2 点(727℃)时，剩余奥氏体中碳的质量分数降到 0.77%，发生共析转变，生成珠光体。随着温度降到室温，莱氏体(Ld)转变为低温莱氏体(L'd)。共晶白口铸铁的结晶过程如图 4.15 所示。

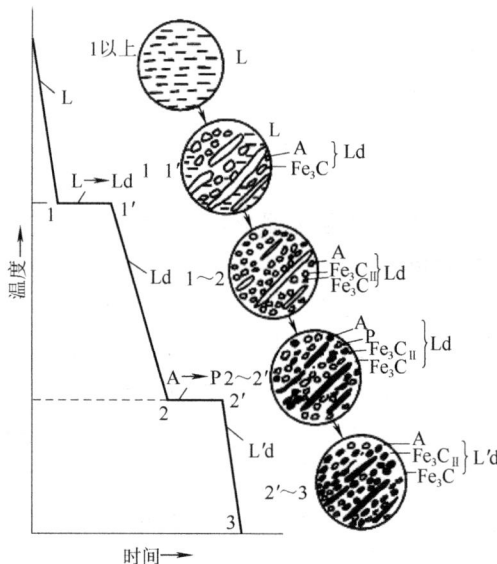

图 4.15　共晶白口铸铁结晶过程示意图

共晶白口铸铁室温下的组织是由珠光体、二次渗碳体和共晶渗碳体组成的低温莱氏体。

5. 亚共晶白口铸铁的结晶过程分析

亚共晶白口铸铁(2.11%<w_C<4.3%)的结晶过程如图 4.11 中 V 线所示。当液态合金冷却至 1 点温度时，开始结晶出奥氏体。随着温度的下降，结晶出的奥氏体不断增多，因为奥氏体中碳的最大质量分数为 2.11%，剩余液相中含碳量逐渐增大。当冷却至 2 点温度(1148℃)时，剩余液相中碳的质量分数达到 4.3%，发生共晶转变，生成莱氏体。在随后的冷却过程中，奥氏体中析出二次渗碳体。当温度降至 3 点(727℃)时，奥氏体中碳的质量分数降为 0.77%，发生共析转变而生成珠光体。亚共晶白口铸铁的结晶过程如图 4.16 所示，室温下亚共晶白口铸铁的组织为珠光体、二次渗碳体和低温莱氏体。

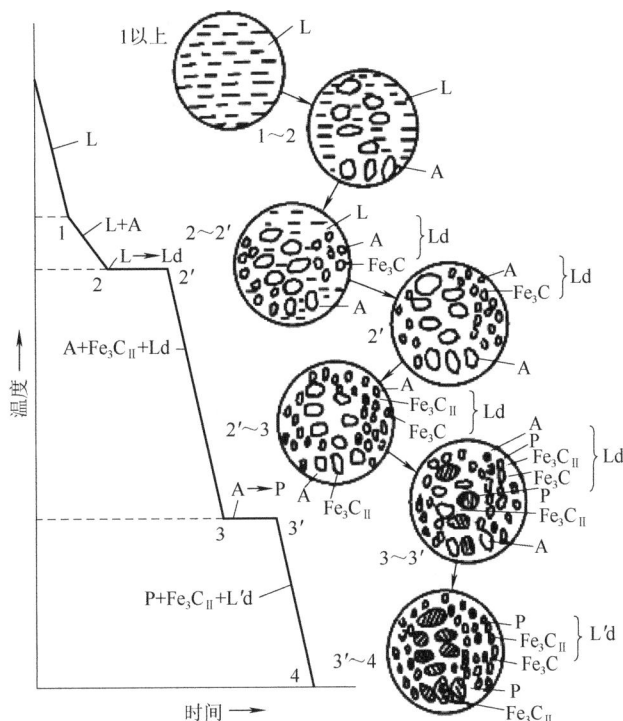

图 4.16　亚共晶白口铸铁结晶过程示意图

6. 过共晶白口铸铁的结晶过程分析

过共晶白口铸铁(4.3% < w_C < 6.69%)的结晶过程如图 4.11 中 VI 线所示。其结晶过程与亚共晶白口铸铁相似，不同的是在共晶转变前由液相先结晶出一次渗碳体。当液态合金冷却到 2 点(1148℃)时，剩余液相中碳的质量分数达到 4.3%而发生共晶转变，在随后的冷却中一次渗碳体不发生转变。过共晶白口铸铁的结晶过程如图 4.17 所示，室温下过共晶白口铸铁的组织为一次渗碳体和低温莱氏体。

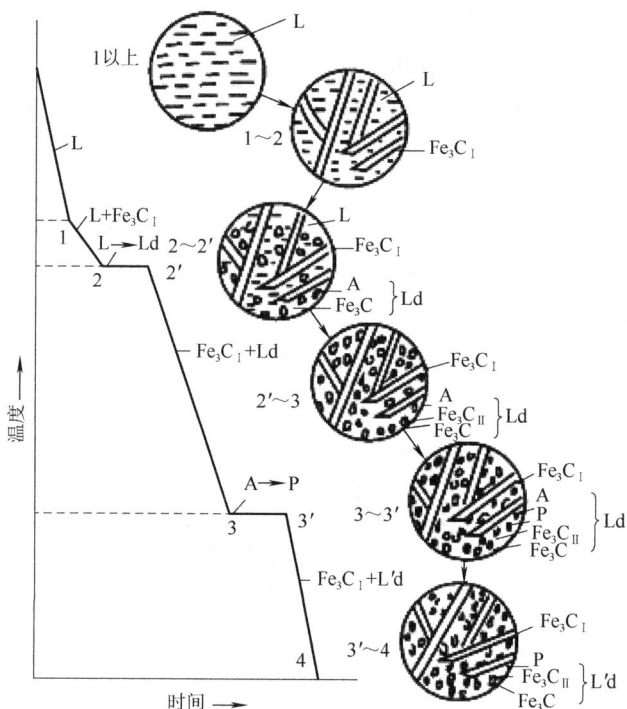

图 4.17　过共晶白口铸铁结晶过程示意图

本 章 小 结

(1) 铁碳合金在固态下的基本组织有铁素体、奥氏体、渗碳体、珠光体和莱氏体。铁素体最软，奥氏体塑性最好，渗碳体硬度最高，珠光体强度最高，莱氏体较脆。

(2) 铁碳合金相图实际上是 $Fe\text{-}Fe_3C$ 相图，铁碳合金相图中共有五个重要的成分点：A、S、E、C、G，四条重要的线：ECF、PSK、GS、ES，三个重要温度：727℃、912℃、1148℃。

(3) 铁碳合金相图中的六条特性线将相图划分为不同的区域，各区域随含碳量和温度的不同具有不同的组织。

(4) 铁碳合金的室温组织由铁素体和渗碳体基本组织组成，随含碳量的增加，铁素体含量减少而渗碳体含量增加，其性能也随之发生变化，即随含碳量的增加，铁碳合金的强度、硬度逐渐增加，而塑性、韧性逐渐降低，当含碳量达到 0.9% 以上时，强度也开始下降。

(5) $Fe\text{-}Fe_3C$ 相图主要应用在材料的选用和制定热加工工艺方面。

思 考 与 练 习

4.1　什么是铁素体、奥氏体、渗碳体、珠光体和莱氏体？它们在结构、组织形态和性能方面各有什么特点？

4.2　什么是铁碳合金相图？试绘制简化的 $Fe\text{-}Fe_3C$ 相图并标出各特性点。

4.3　根据铁碳合金相图，确定下列三种钢在指定温度下的显微组织。

含碳量/%	温度/℃	显微组织	温度/℃	显微组织
0.2	770		900	
0.8	680		770	
1.0	700		770	

4.4 按含碳量可将铁碳合金划分为几种?

4.5 什么是钢?根据含碳量和室温组织的不同,钢能分为几类?

4.6 铁碳合金相图中主要特性点和主要特性线各是什么?分别代表什么含义?

4.7 什么是共晶转变和共析转变?试写出铁碳合金的共晶转变式与共析转变式。

4.8 试根据 Fe-Fe₃C 相图判断,白口铸铁分为哪几类?试述它们的含碳量范围和室温组织。

4.9 将钢和白口铸铁都加热到 1000~1200℃,能否进行锻造?为什么?

4.10 根据 Fe-Fe₃C 相图,说明下列现象的原因:

(1)含碳量 1% 的铁碳合金比含碳量 0.5% 的铁碳合金的硬度高;

(2)在 1100℃,含碳量 0.4% 的铁碳合金能进行锻造,而含碳量 4.0% 的铁碳合金不能锻造。

4.11 说明下列现象的原因:

(1)钢铆钉一般用 w_C<0.25% 的钢制造;

(2)绑扎物件一般用铁丝(w_C<0.25% 的镀锌钢丝),起重机吊重物用钢丝绳(由 w_C=0.6%~0.70% 的钢制成);

(3)钳工锯 w_C=1.0% 的钢比锯 w_C=0.1% 的钢费力,锯条容易磨损。

4.12 为何建筑上浇灌钢筋混凝土用的钢筋都用低碳钢,而不用硬度高、耐磨性好的高碳钢或便宜的铸件?

第 5 章 碳 素 钢

碳素钢，又称非合金钢，是指碳的质量分数在 0.0218%～2.11%，且不含有特意加入合金元素的铁碳合金。碳素钢冶炼容易，价格低廉，工艺性能好，其力学性能可满足一般工程构件、普通机械零件和工具的使用要求，故在机械制造、建筑、交通运输等许多行业中得到广泛的应用，其产量和用量占钢总产量的 80% 以上。

5.1 长存杂质元素对碳素钢性能的影响

碳素钢中除铁和碳两种元素外，还含有少量的硅、锰、硫、磷等杂质元素。这些元素有的是从炉料中带来的，有的是在冶炼过程中不可避免地带入的，它们的存在必然会对碳素钢的性能和质量产生一定的影响。

5.1.1 硅

硅(Si)是钢中的有益元素，它来源于炼钢时使用的生铁和硅铁脱氧剂。炼钢后期以硅铁作为脱氧剂进行脱氧反应时，硅元素不可避免地残留在钢中。硅的脱氧作用比锰强，可有效地清除 FeO，改善钢的质量。大部分硅能溶于铁素体中，形成含硅铁素体并使之强化，从而提高钢的强度、硬度和弹性，但降低钢的塑性和韧性；少量的硅以硅酸盐夹杂物的形式存在于钢中，仅作为少量杂质元素，对钢的性能影响并不显著。总的来说，硅可以提高钢的强度、硬度和弹性，是钢中的有益元素。硅的含量低，故其强化作用不大。钢中硅的质量分数通常不大于 0.5%，在碳素镇静钢中硅的质量分数一般控制在 0.17%～0.37%。

5.1.2 锰

锰(Mn)是钢中的有益元素，它是炼钢时由生铁和脱氧剂带入而残留在钢中的杂质元素。锰具有较好的脱氧能力，能清除钢中的 FeO，把 FeO 还原成铁，降低钢的脆性，改善钢的质量。锰能与硫形成高熔点的 MnS，从而减轻硫对钢的危害，改善钢的热加工性能。锰与 FeO、硫的反应产物大部分进入炉渣被除去，而小部分残留在钢中形成非金属夹杂物。锰大部分溶于铁素体中，形成置换固溶体，使铁素体强化，其余部分的锰溶于 Fe_3C 中形成合金渗碳体。锰能使钢中珠光体的相对含量增加并使之细化，从而使钢的强度和硬度提高。因此，一般认为锰适量时是一种有益元素。钢中锰的质量分数一般在 0.25%～0.80%。

5.1.3 硫

硫(S)是钢中的有害元素，它是在炼钢时由生铁和燃料带入钢中的杂质元素。在固态下，硫在铁中的溶解度极小，主要以化合物 FeS 的形式存在于钢中。FeS 能与铁形成低熔点共晶体 Fe + FeS，其熔点约为 985℃，并分布在奥氏体晶界上。当钢材加热到 1000～1200℃ 进行轧制或锻造等热加工时，晶界上的 Fe + FeS 共晶体已经熔化，晶粒间的结合破坏，导致钢材在加工过程中沿晶界开裂，这种现象称为热脆性。硫不仅使钢产生热脆性，而且会降低钢的强度和韧性。适当增加钢中锰的含量，可减轻硫的有害作用，因为硫和锰的亲和力较硫和铁的亲和力强，锰能从 FeS 中夺走硫而形成高熔点的 MnS（熔点 1620℃）。MnS 呈粒状分布在奥氏体晶粒内，它在高温下不熔化且具有一定塑性，故在轧制钢材时能有效地避免钢的热脆性。因此，钢中锰、硫的含量常有定比。MnS 是非金属夹杂物，在轧制时会形成热加工纤维，使钢的性能具有方向性。但在易切削钢中可适当提高硫的含量，其目的在于提高钢材的切削加工性能。此外，硫对钢的焊接性能有不良的影响，容易导致焊缝，产生热裂、气孔和疏松。因此，通常情况下硫是有害杂质元素，应严格控制其含量，一般硫的质量分数不超过 0.05%。

5.1.4　磷

磷（P）是由生铁带入的有害元素。磷能溶解于铁素体中形成固溶体，使铁素体强化，从而使钢的强度、硬度有所提高。但是，在结晶时磷也可形成脆性很大的化合物（Fe_3P），使钢在室温下（一般为 100℃以下）的塑性和韧性急剧下降，这种脆化现象在低温时更为严重，称为冷脆性。磷在结晶时还容易偏析，从而在局部地方发生冷脆。通常希望韧脆转变温度低于工件的工作温度，以免发生脆化。一般钢中磷的质量分数达到 0.10% 时，冷脆性就很严重了。因此，磷是一种有害杂质元素，应严格控制它的含量，一般钢中磷的质量分数小于 0.04%。

钢中的硫和磷是有害元素，应严格控制它们的含量。但是，在易切削钢中，常适当地提高硫、磷的含量，以增加钢的脆性，有利于在切削时形成断裂切屑，改善钢的切削加工性能，从而提高切削效率和延长刀具寿命。这种易切削钢主要用于在自动机床上加工生产量大、受力不大的零件。此外，钢中加入适量的磷还可以提高钢材的耐大气腐蚀性。

5.1.5　非金属夹杂物

在炼钢过程中，少量炉渣、耐火材料及冶炼中的反应物可能进入钢液中，从而在钢中形成非金属夹杂物，如氧化物、硫化物、硅酸盐、氮化物等。它们都会降低钢的力学性能，特别是降低塑性、韧性及疲劳强度，严重时还会使钢在热加工与热处理时产生裂纹，或使用时造成钢的突然脆断。非金属夹杂物也促使钢形成热加工纤维组织与带状组织，使钢材具有各向异性，严重时横向塑性仅为纵向的 1/2，并使钢的冲击韧性大为降低。因此，对重要用途的钢，如弹簧钢、滚动轴承钢、渗碳钢等，需要检查非金属夹杂物的数量、形状、大小与分布情况，并按相应的等级标准进行评定。

5.2　碳素钢的分类

碳素钢的分类方法有很多，现将主要的几种分类方法介绍如下。

1. 按钢的含碳量分类

（1）低碳钢：$w_C < 0.25\%$，又称软钢，易于接受各种加工如锻造、焊接和切削，常用于制造链条、铆钉、螺栓、轴等。

（2）中碳钢：$w_C = 0.25\% \sim 0.60\%$，热加工及切削性能良好，焊接性能较差。强度、硬度比低碳钢高，而塑性和韧性低于低碳钢。可不经热处理，直接使用热轧材、冷拉材，亦可经热处理后使用。因此，在中等强度的各种用途中，中碳钢得到最广泛的应用，除作为建筑材料外，还大量用于制造各种机械零件。

（3）高碳钢：$w_C > 0.60\%$，常称工具钢。

2. 按钢的质量分类

根据钢中有害元素硫、磷的含量不同可分为以下三种。

(1) 普通质量碳钢：$w_S \geqslant 0.045\%$，$w_P \geqslant 0.045\%$。

(2) 优质碳钢：除普通质量碳钢和特殊质量碳钢以外的碳钢。

(3) 特殊质量碳钢：$w_S \leqslant 0.020\%$，$w_P \leqslant 0.020\%$。

3. 按钢的用途分类

(1) 碳素结构钢，用于制造各种机械零件和工程构件，多为低碳钢和中碳钢($w_C \leqslant 0.70\%$)。

(2) 碳素工具钢，用于制造各种刀具、模具和量具等，多为高碳钢且为优质钢或高级优质钢($w_C > 0.70\%$)。

4. 按冶炼时的脱氧程度分类

(1) 沸腾钢(F)，为脱氧程度不完全的钢，浇注时产生沸腾现象。其特点是材料利用率高，成本低，组织不致密，力学性能较低。

(2) 镇静钢(Z)，为脱氧程度完全的钢，浇注时钢液镇静，没有沸腾现象。其特点是组织致密，力学性能较高，质量均匀，但成本较高，材料利用率低。

(3) 半镇静钢(b)，为脱氧程度介于沸腾钢和镇静钢之间的钢，其生产过程较难控制，故使用量不大。

(4) 特殊镇静钢(TZ)，为采用特殊脱氧工艺冶炼的脱氧程度完全的钢，其脱氧程度、质量及性能比镇静钢高。

5.3 碳素钢的牌号、性能及用途

碳素钢的牌号采用化学元素符号、汉语拼音字母和阿拉伯数字相结合的方法来表示。

5.3.1 碳素结构钢

1. 成分、性能特点及用途

碳素结构钢中碳的质量分数在 0.12%～0.24%，其有害元素和非金属夹杂物较多，按质量等级分为 A、B、C 和 D 四级。这类钢的强度和硬度不高，但冶炼容易，价格低廉，产量大，且具有良好的塑性和焊接性，在性能上能满足一般工程结构件及普通零件的要求，因而应用普遍。碳素结构钢通常以热轧空冷状态供应，制成钢板和各种型材(圆钢、方钢、扁钢、角钢、槽钢、工字钢、钢筋等)，适用于一般工程结构、桥梁、船舶和厂房等建筑结构或一些受力不大的机械零件(如螺钉、螺母、铆钉等)。

2. 牌号与应用

普通碳素结构钢的牌号由代表屈服强度的汉语拼音首位字母 Q、屈服强度数值、质量等级符号、脱氧方法符号四部分按顺序组成。

Q   235   A   F
— 沸腾钢
— 质量等级为A
— 235MPa
— 屈服强度

（1）前缀符号：Q（钢屈服强度"屈"的汉语拼音首位字母）+屈服强度值（单位为 MPa）。

（2）质量等级符号：A、B、C、D 级，从 A 到 D 质量依次提高，Si、P 杂质的含量依次减少。

（3）（必要时）脱氧方法符号：F——沸腾钢、Z——镇静钢、b——半镇静钢、TZ——特殊镇静钢，Z 与 TZ 符号在钢号组成表示方法中予以省略。

（4）（必要时）在牌号尾加产品用途、特性和工艺方法表示符号，如压力容器用钢——R、锅炉用钢——G、桥梁用钢——Q 等。

例如，Q235-A.F 表示屈服强度为 235MPa 的 A 级沸腾钢。碳素结构钢的牌号、性能特点及用途见表 5.1。

表 5.1 碳素结构钢的牌号、性能特点及用途

牌号	等级	性能特点	用途举例
Q195		塑性好，有一定的强度	用于载荷较小的钢丝、垫圈、铆钉、拉杆、地脚螺栓、冲压件、焊接件等
Q215	A	塑性好，焊接性好	用于钢丝、垫圈、铆钉、拉杆、短轴、金属结构件、渗碳件、焊接件等
	B		
Q235	A	有一定的强度、塑性、韧性，焊接性好，易于冲压，可满足钢结构的要求，应用广泛	用于连杆、拉杆、轴、螺栓、螺母、齿轮等机械零件及角钢、槽钢、圆钢、工字钢等型材；C 级、D 级用于较重要的焊接件
	B		
	A		
	B		
Q255	A	强度较高，塑性、焊接性尚好，应用不如 Q235 广泛	用于轴、拉杆、吊钩、螺栓、键等机械零件，各种型钢
	B		
Q275		较高的强度，塑性、焊接性差	用于强度要求较高的轴、连杆、齿轮、锭、金属构件等

5.3.2 优质碳素结构钢

1. 成分及性能特点

优质碳素结构钢的化学成分和力学性能均有较严格的控制，其硫、磷的质量分数均少于 0.035%，有害元素含量少。根据钢中含锰量的不同，分为普通含锰量钢（w_{Mn}=0.25%~0.80%）和较高含锰量钢（w_{Mn}=0.7%~1.2%）。这类钢是一种应用极为广泛的机械制造用钢，经热处理后具有良好的综合力学性能。

2. 用途

优质碳素结构钢是按化学成分和力学性能供应的，钢中所含硫、磷及非金属夹杂物量较少，常用来制造各种重要的机械零件，如轴类、齿轮、弹簧等零件。使用前一般都要经过热处理来改善其力学性能。

3. 牌号与应用

优质碳素结构钢的牌号用两位数字表示，这两位数字表示该钢平均含碳量的万分数。例如，45 钢表示平均含碳量为 0.45%的优质碳素结构钢；08 钢表示平均含碳量为 0.08%的优质碳素结构钢。含锰量较高的钢在牌号后面标出元素符号 Mn（或"锰"），如 20Mn（20 锰）、65Mn（65 锰）等。

优质碳素结构钢一般为镇静钢，但某些含碳量较低的钢也有沸腾钢，若为沸腾钢则在牌号后面加符号 F（或"沸"），如 10F（10 沸）表示平均含碳量为 0.10%的优质碳素结构钢，为沸

腾钢。用于各种专门用途的某些专用钢则在牌号后面标出规定的符号，如 20G 表示平均含碳量为 0.20%的优质碳素结构钢，为锅炉用钢。优质碳素结构钢牌号、性能特点及用途见表 5.2。

表 5.2　优质碳素结构钢牌号、性能特点及用途

牌号	性能特点	用途举例
08F、08、10	塑性、韧性好，强度不高	冷轧薄板、钢带、钢丝、钢板，冲压制品，如外壳、容器、罩子、子弹壳、仪表板、垫片、垫圈等
15、20、25、15Mn、20Mn	塑性、韧性好，有一定强度	不需热处理的低负荷零件，如螺栓、螺母、拉杆、法兰盘，渗碳后可制作齿轮、轴、凸轮等零件
30、35、40、45、50、55、30Mn、40Mn、50Mn	强度、塑性、韧性都较好	主要制作齿轮、连杆、轴类等零件，其中 40 钢、45 钢应用广泛
60、65、70、60Mn、65Mn	高的弹性和屈服强度	常制作弹性零件和耐磨零件，如弹簧、弹簧垫圈、轧辊、犁铧等

08 钢、10 钢的含碳量低，塑性好，强度低，焊接性能好，主要用于制作薄板、冷冲压零件和焊接件，属于冷冲压钢。

15 钢、20 钢、25 钢属于渗碳钢。这类钢的有一定的强度，但塑性、韧性较高，冷冲压性能和焊接性能很好，可以用作各种受力不大，但要求高韧性的零件，如焊接容器、杆件、轴套等，还可用作冷冲压件和焊接件。这类钢经渗碳淬火后，表面硬度可达 60HRC 以上，耐磨性好，而心部具有一定的强度和韧性，可用于制造要求表面硬度高、耐磨，并承受冲击载荷的零件。

30 钢、35 钢、40 钢、45 钢、50 钢、55 钢属于调质钢，经过热处理后具有良好的综合力学性能，主要用于制作要求强度、塑性、韧性都较高的零件，如紧固件、齿轮、连杆、套筒、轴类零件及联轴器等零件。这类钢在机械制造中应用非常广泛，特别是 40 钢、45 钢在机械零件中应用更为广泛。

60 钢、65 钢、70 钢属于弹簧钢，经热处理后可获得较高的强度、硬度和良好的弹性，但焊接性和冷变形塑性较差，切削性能也不太好，主要用于制作尺寸较小的弹簧、弹性零件及耐磨零件，如各种弹簧、弹簧垫圈等。

较高含锰量的优质碳素结构钢，其性能和用途与对应的普通含铬量的优质碳素结构钢相同，但淬透性较高。

5.3.3　碳素工具钢

1. 成分及性能特点

碳素工具钢用于制造刀具、模具和量具等，要求具有较高的硬度、耐磨性和一定的韧性，故碳素工具钢的含碳量在 0.65%～1.35%，而且都是优质钢或高级优质钢。碳素工具钢的含碳量可保证钢在淬火后具有足够的硬度，虽然这类钢淬火后的硬度相近，但随着含碳量的增加，未溶渗碳体增多，使钢的耐磨性提高，而韧性下降，故不同牌号的碳素工具钢其用途也不同。高级优质碳素工具钢淬裂倾向小，适宜制作形状复杂的刀具。

2. 用途

碳素工具钢的缺点是淬透性差、热硬性低，温度达到 200℃后硬度即明显降低，失去切削能力；此外，该类钢淬火加热易过热，导致钢的强度、塑性和韧性降低。因此，碳素工具钢仅用于制造截面较小、形状简单、切削速度较低的刀具和不太重要的模具、量具等。

3. 牌号与应用

碳素工具钢的牌号以"碳"字的汉语拼音首位字母 T 及后面的阿拉伯数字表示，其数字表示钢中平均含碳量的千分数，如 T8 表示平均含碳量为 0.80% 的碳素工具钢。若为高级优质碳素工具钢，则在牌号后面标以字母 A，如 T12A 表示平均含碳量为 1.2% 的高级优质碳素工具钢。若为含锰量较高的碳素工具钢，则在牌号后面标以符号 Mn（或"锰"），如 T8Mn（T8 锰）。

碳素工具钢牌号、性能特点及用途见表 5.3。

表 5.3　碳素工具钢牌号、性能特点及用途

牌号	性能特点	用途举例
T7、T7A、T8、T8A、T8Mn	韧性较好，一定的硬度	木工工具，钳工工具，如锤子、錾子、模具、剪刀等，T8Mn 可用于制造截面较大的工具
T9、T9A、T10、T10A、T11、T11A	较高硬度，一定韧性	低速刀具，如刨刀、丝锥、板牙、锯条、卡尺、冲模、拉丝模
T12、T12A、T13、T13A	硬度高，韧性差	不受振动的低速刀具，如锉刀、刮刀、外科用刀具和钻头等

5.3.4　铸造碳钢

1. 成分及性能特点

铸造碳钢是将钢液直接浇注成零件毛坯的碳钢，其碳的质量分数一般在 0.15%～0.60%，如果含碳量过高，则塑性变差，铸造时易产生裂纹。铸造碳钢具有良好的力学性能和较好的焊接性能，但其铸造性能并不理想，铸钢件偏析严重，内应力大。因此，铸钢件应在铸造工艺上采取适当措施，并需要通过热处理来改善其组织和性能。

2. 牌号与应用

铸造碳钢的牌号是用"铸钢"两字的汉语拼音首位字母 ZG 后面加两组数字组成的，第一组数字代表屈服强度，第二组数字代表抗拉强度。例如，ZG270-500 表示屈服强度不小于 270MPa、抗拉强度不小于 500MPa 的铸造碳钢。

铸造碳钢一般用于制造形状复杂、力学性能要求较高的机械零件。这些零件由于形状复杂，很难用锻造或机械加工的方法制造，且力学性能要求较高，用铸铁铸造难以满足其力学性能要求。因此，铸造碳钢广泛用于制造重型机械的某些零件，如减速器壳体、汽车轮毂、轧钢机机架、水压机横梁、锻锤和砧座等。

常用铸钢的牌号、性能特点及用途见表 5.4。

表 5.4　铸钢的牌号、性能特点及用途

牌号	性能特点	用途举例
ZG200-400	有良好的塑性、韧性和焊接性，焊补不需预热	用于受力不大，要求韧性好的各种机械零件，如机座、变速箱体等
ZG230-450	有一定的强度和较好的塑性、韧性，良好的焊接性，焊补可不预热，切削性尚好	用于受力不大，要求韧性好的各种机械零件，如钻座轴承盖、外壳、底板、阀体等
ZG270-500	有较好的强度、塑性，焊接性尚好	用于轧钢机机架、模具、箱体、缸体、连杆、曲轴等
ZG310-570	强度和切削性较好，焊接性差，焊补要预热	用于载荷较大的耐磨件，如辊子、缸体、齿轮、制动轮、联轴器、机架等
ZG340-640	有较高的强度、硬度和耐磨性，切削性中等，焊接性差，焊补需预热	用于齿轮、棘轮、叉头、车轮等

5.3.5 易切削结构钢

1. 成分及性能特点

易切削结构钢是在钢中加入一种或几种元素，利用其本身或与其他元素形成一种对切削加工有利的夹杂物，来改善钢材的可加工性。目前在易切削结构钢中常加入的元素是硫(S)、磷(P)、铅(Pb)、钙(Ca)、硒(Se)等。易切削结构钢适合在自动机床上进行高速切削制作的通用机械零件，如 Y45 钢适合于高速切削加工，与 45 钢相比，其生产效率提高一倍以上，可节省工时，用来制造齿轮轴、花键轴等热处理零件。这种钢材不仅应保证在高速切削条件下工件对刀具的磨损要小，而且要求零件切削后其表面粗糙度要低。例如，为了提高可加工性，钢中加入硫(w_S=0.15%～0.25%)，同时加入锰(w_{Mn}=0.70%～1.10%)，使钢内形成大量的 MnS 夹杂物。在切削时，这些夹杂物可起断屑作用，从而减少动力损耗。另外，硫化物在切削过程中还有一定的润滑作用，可以减小刀具与工件表面的摩擦，延长刀具的使用寿命。适当提高磷的含量，可以使铁素体脆化，也能提高钢材的切削性能。

2. 牌号与应用

易切削结构钢的牌号以 Y+数字表示，Y 是"易"字汉语拼音的首位字母，数字为钢中平均含碳量的万分数，如 Y12 钢表示平均含碳量为 0.12%、含锰量为 0.70%～1.0%的易切削结构钢。含锰的易切削结构钢应在牌号后加符号 Mn，如 Y40Mn 钢等。

部分易切削结构钢的牌号、化学成分和力学性能见表 5.5。

表 5.5 部分易切削结构钢的牌号、化学成分和力学性能

牌号	化学成分(质量分数/%)				力学性能(热轧状态)	
	C	Mn	S	P	R_m/MPa	A/%
Y12	0.08～0.16		0.10～0.20	0.08～0.15	390～540	22
Y20	0.17～0.25	0.70～1.00			450～600	20
Y30	0.27～0.35		0.08～0.15	≤0.06	510～655	15
Y35	0.32～0.40				510～655	14
Y40Mn	0.37～0.45	1.20～1.55	0.20～0.30	≤0.05	590～850	14

目前，易切削结构钢主要用于制造受力较小、不太重要的大批生产的标准件，如螺钉、螺母、垫圈、垫片，以及缝纫机、计算机和仪表的零件等。

拓 展 阅 读

1. 碳素钢按照制造加工形式的分类

1)铸钢

铸钢是指采用铸造方法而生产出来的一种钢铸件。铸钢主要用于制造一些形状复杂、难以进行锻造或切削加工成形且要求具有较高强度和塑性的零件。

2)锻钢

锻钢是指采用锻造方法而生产出来的各种锻材和锻件。锻钢件的质量比铸钢件高，能承受大的冲击力作用，塑性、韧性和其他方面的力学性能也都比铸钢件高，所以重要的机器零件都应当采用锻钢件。

3) 热轧钢

热轧钢是指用热轧方法而生产出来的各种热轧钢材。大部分钢材都是采用热轧轧成的，热轧常用来生产型钢、钢管、钢板等大型钢材，也用于轧制线材。

4) 冷轧钢

冷轧钢是指用冷轧方法而生产出来的各种冷轧钢材。与热轧钢相比，冷轧钢的特点是表面光洁、尺寸精确、力学性能好。冷轧常用来轧制薄板、钢带和钢管。

5) 冷拔钢

冷拔钢是指用冷拔方法而生产出来的各种冷拔钢材。冷拔钢的特点是精度高、表面质量好。冷拔主要用于生产钢丝，也用于生产直径在 50mm 以下的圆钢和六角钢，以及直径在 76mm 以下的钢管。

2. 热轧与冷轧

热轧和冷轧都是型钢或钢板成形的工序，它们对钢材的组织和性能有很大的影响，钢的轧制以热轧为主，冷轧只用于生产小号型钢和薄板。

从定义上来说，钢锭或钢坯在常温下很难变形，不易加工，一般加热到 1100～1250℃ 进行轧制，这种轧制工艺称为热轧。大部分钢材都用热轧方法轧制。但是因为在高温下钢的表面容易生成氧化铁皮，使热轧钢材表面粗糙，尺寸波动较大，所以要求表面光洁、尺寸精确、力学性能好的钢材，以热轧半成品或成品为原料再用冷轧方法生产。在常温下轧制，一般理解为冷轧，从金属学的观点看，冷轧与热轧的界限应以再结晶温度来区分。低于再结晶温度的轧制为冷轧，高于再结晶温度的轧制为热轧。钢的再结晶温度为 450～600℃。

一般结构用的工字钢、角钢、槽钢、H 型钢都是热轧钢材，中厚板也是热轧钢材，也就是热轧之后就出成品了。有的产品热轧之后还需要进行冷轧，如热轧卷板到冷轧卷板。在有的应用上，如汽车面板、家电板，就需要冷轧板，保证尺寸精度和表面质量，而建筑结构一般用热轧材就足够了。热轧、冷轧都可选的情况，在钢管中常见，同一种规格的无缝钢管，既有热轧的，也有冷轧或冷拔的，热轧基本是生产线连续生产，冷轧和冷拔为非连续生产。冷轧钢管的表面质量和尺寸精度要优于热轧钢管。从成分上讲，冷轧钢都是低碳钢，因为含碳量低，其塑性好，才可以冷轧。从表面质量上讲，冷轧板表面质量好于热轧板，因为热轧时钢表面会产生氧化皮。

材料手册应该会标明其力学性能对应的标准状态，如果不是钢厂的各种标准型材(没有尺寸数据)，就有可能是调质或退火状态的标准数据。如果是钢厂出来的材料应该会标明是冷轧或热轧，多数都是热轧的，通常尺寸精密的钢材都是冷加工而成的。如果手册没有标明，就说明手册做得不够好，只能凭经验判断。一般情况如下。

线材：直径 5.5～40mm，盘卷状，全是热轧材。经过冷拔后就属于冷拔材。

圆钢：除尺寸精密的光亮材以外一般都是热轧材，也有锻材(表面有锻造痕迹)。

带钢：热轧、冷轧都有，冷轧材一般较薄。

钢板：冷轧板一般较薄，如汽车用板；热轧中厚板较多，有与冷轧类似厚度的，外观明显不同。

角钢：全是热轧材。

钢管：焊接材、热轧材和冷拔材都有。

槽钢及 H 型钢：热轧材。

钢筋：热轧材。

本 章 小 结

(1)非合金钢也称碳钢，是指不含有特意加入合金元素的铁碳合金，其常存其他元素，如硅、锰、硫、磷等，其中硅、锰为有益元素，硫、磷是有害元素。

(2)碳钢有多种分类的方法，按含碳量分为低碳钢、中碳钢、高碳钢；按用途分为碳素结构钢和碳素工具钢；按质量等级分为普通质量碳钢、优质碳钢、高级碳钢、特级优质碳钢。

(3)碳素结构钢的牌号由代表屈服强度的汉语拼音首位字母 Q、屈服强度数值、质量等级符号和脱氧方法符号四个部分按顺序组成；优质碳素结构钢的牌号用两位数字表示，这两位数字表示该钢平均含碳量的万分数；碳素工具钢的牌号以"碳"字的汉语拼音首位字母 T 及后面的阿拉伯数字表示，其数字表示钢中平均含碳量的千分数；铸造碳钢的牌号是用"铸钢"两字的汉语拼音首位字母 ZG 后面加两组数字组成，第一组数字代表屈服强度，第二组数字代表抗拉强度；易切削结构钢的牌号以 Y+数字表示，Y 是"易"字汉语拼音的首位字母，数字为钢中平均含碳量的万分数。

(4)不同种类的碳钢由于含碳量不同，其力学性能和工艺性能也不相同，故用于不同的场合。

思 考 与 练 习

5.1 碳钢中常存哪些杂质元素？常存杂质元素对碳钢性能有何影响？

5.2 碳钢的分类方法有哪几种？

5.3 低碳钢、中碳钢、高碳钢是如何划分的？

5.4 试写出含碳量为 0.30%、0.5.%、0.70%、0.90%的四种碳钢牌号。

5.5 工程结构用钢主要有哪些？它们的成分和性能有何特点？

5.6 钢的质量等级划分依据是什么？

5.7 指出下列牌号属于哪一类钢？牌号具体含义是什么？

60、T12A、Q195、ZG310-570。

5.8 现有 Q195、Q235B、Q255B 三种优质碳素结构钢，分别用于制造铁钉、铆钉和高强度销钉，如何合理选材？

5.9 现有 08F、45、65 三种优质碳素结构钢，欲制造仪表板、汽车弹簧、变速箱传动轴等零件，如何选材？

5.10 下列零件与工具，由于管理不善，造成钢材错用，问使用过程中会出现哪些问题？

(1)把 20 钢当作 60 钢制造弹簧；

(2)把 Q235B 钢当作 45 钢制造变速齿轮；

(3)把 30 钢当作 T7 钢制成大锤。

5.11 铸钢一般应用于什么场合？其牌号由哪几部分组成？试举例说明各部分的含义。

第 6 章 钢的热处理

金属热处理是机械制造中的重要工艺之一,与其他加工工艺相比,热处理一般不改变工件的形状和整体的化学成分,而是通过改变工件内部的显微组织或工件表面的化学成分,提高工件的力学性能,改善工艺性能。为使金属工件具有所需要的力学性能、物理性能和化学性能,除合理选用材料和各种成形工艺外,热处理往往是必不可少的。热处理在机械制造行业中占有重要的地位,在机床制造中 60%~70%的零件要经过热处理。在汽车、拖拉机制造业中需要热处理的零件达 70%~80%。模具、滚动轴承 100%需要经过热处理。

总之,重要零件都需要适当热处理后才能使用。热处理就是将固态金属或合金采用适当的方式进行加热、保温和冷却,以获得所需要的组织结构和性能的工艺。适当的热处理可显著提高钢的力学性能,满足零件的使用要求,发挥钢材的潜力,延长零件的使用寿命;还可以改善钢的加工性能,提高加工质量和劳动生产率。

热处理方法虽然有很多,但任何一种热处理工艺都是由加热、保温和冷却这三个阶段组成的,并可用温度-时间坐标图来表示,图 6.1 为热处理工艺曲线。

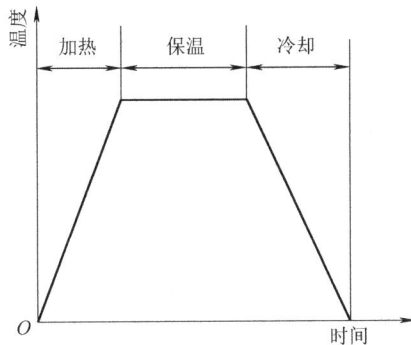

图 6.1 热处理工艺曲线

根据热处理的目的和作用的不同,分为如下三类。

(1) 整体热处理。特点是对工件整体进行穿透加热。方法有退火、正火、淬火及回火。

(2) 表面热处理。特点是针对工件表层进行热处理,以改变表层组织与性能。常用的方法有感应加热表面淬火、火焰加热表面淬火。

(3) 化学热处理。特点是改变工件表层的化学成分、组织和性能。常用的方法有渗碳、渗氮、碳氮共渗等。

6.1 钢的退火与正火

6.1.1 退火

1. 退火的定义

退火是将钢加热到适当温度,保温一定时间,然后缓慢冷却(一般随炉冷却)的热处理工艺。

2．退火的目的

(1)降低硬度，提高塑性，改善切削加工性能。

(2)细化晶粒，均匀钢的组织与成分，改善切削加工性能。

(3)消除钢中的残留应力，防止变形和开裂。

(4)为以后的热处理做准备。

3．常用的退火方法

根据钢的化学成分和退火的目的不同，退火方法可分为完全退火、等温退火、球化退火、均匀化退火、去应力退火等。

1)完全退火

完全退火又称为重结晶退火，这种退火主要用于亚共析钢成分的各种碳钢和合金钢的铸、锻件及热轧型材，有时也用于焊接结构件。完全退火一般常作为一些不重要工件的最终热处理，或作为某些重要工件的预备热处理。完全退火操作是将亚共析钢工件加热到 Ac_3 以上 30～50℃，保温一定时间后随炉缓慢冷却，以获得接近平衡组织的工艺。完全退火全过程所需时间非常长，特别是对于某些奥氏体比较稳定的合金钢，往往需要数十小时，甚至数天的时间。在实际生产中，为了提高生产效率，随炉缓慢冷却至 500℃左右可出炉空冷。在完全退火加热过程中，钢的组织全部转变为奥氏体，在冷却过程中，奥氏体转变为细小而均匀的平衡组织(铁素体+珠光体)，从而达到降低硬度、细化晶粒、消除内应力的目的。

2)等温退火

等温退火是将钢加热到 Ac_1 或 Ac_3 以上某一温度，保温后以较快速度冷却到珠光体温度区间内的某一温度并等温保持，使奥氏体转变为珠光体组织，然后出炉空冷的退火工艺。等温退火克服了完全退火全过程所需时间非常长的不足，明显缩短了整个退火的过程。

等温退火的目的与完全退火和球化退火相同，但等温退火后组织均匀，性能一致，且生产周期短，主要用于中碳合金钢及一些高合金钢的大型铸、锻件及冲压件等。

3)球化退火

球化退火主要用于共析钢或过共析钢及合金工具钢制造的刃具、量具、模具和滚动轴承等，其主要目的在于降低硬度，改善切削加工性能，并为以后淬火做好准备。球化退火是将钢加热到 Ac_1 以上 20～30℃，保温一定时间后随炉缓慢冷却至 600℃后出炉空冷，得到球状珠光体组织(铁素体基体上分布着球形细粒状渗碳体)的工艺过程。球化退火可使网状二次渗碳体及珠光体中的片层渗碳体全部发生球化，变成球状珠光体。为了便于球化过程的进行，对于网状碳化物较严重者，可在球化退火之前先进行一次正火。

4)均匀化退火

均匀化退火又称为扩散退火，是将钢加热到略低于固相线温度(Ac_3 或 Ac_{cm} 以上 150～300℃)，长时间保温(10～15h)，然后随炉冷却，以使钢的化学成分和组织均匀化。均匀化退火能耗高，易使晶粒粗大。为细化晶粒，均匀化退火后应进行完全退火或正火。这种工艺主要用于质量要求高或偏析较严重的合金钢铸锭、铸件或锻坯。

5)去应力退火

去应力退火又称为低温退火，主要用来去除铸件、锻件、焊接件、热轧件、冷拉伸件及机械加工件等的残留内应力。如果这些内应力不予消除，将会使钢件在随后的切削加工过程中产生变形或开裂，降低机器的精度，甚至会发生事故。

去应力退火操作一般是将钢件随炉缓慢加热（100～150℃/h）至 500～650℃（低于 Ac_1），经一段时间保温后，随炉缓慢冷却（50～100℃/h）至 200℃以下出炉空冷。去应力退火过程不发生组织转变，仅消除残余应力。

表 6.1 为各类退火的热处理工艺、目的及应用场合。

表 6.1　各类退火的热处理工艺、目的及应用场合

热处理名称	热处理工艺	目的	应用场合
完全退火	将亚共析钢工件加热到 Ac_3 以上 30～50℃，保温一定时间后随炉缓慢冷却，以获得接近平衡组织	降低硬度、细化晶粒、消除内应力	亚共析钢成分的各种碳钢和合金钢的铸、锻件及热轧型材，有时也用于焊接结构件
等温退火	将钢加热到 Ac_1 或 Ac_3 以上某一温度，保温后以较快速度冷却到珠光体温度区间内的某一温度并等温保持，使奥氏体转变为珠光体组织，然后出炉空冷	与完全退火和球化退火相同	中碳合金钢及一些高合金钢的大型铸、锻件及冲压件等
球化退火	将钢加热到 Ac_1 以上 20～30℃，保温一定时间后随炉缓慢冷却至 600℃后出炉空冷，得到球状珠光体组织（铁素体基体上分布着球形细粒状渗碳体）	降低硬度，改善切削加工性能，并为以后淬火做好准备。为了便于球化过程的进行，对于网状碳化物较严重者，可在球化退火之前先进行一次正火	共析钢或过共析钢及合金工具钢制造的刃具、量具、模具和滚动轴承等
均匀化退火	将钢加热到略低于固相线温度（Ac_3 或 Ac_{cm} 以上 150～300℃），长时间保温（10～15h），然后随炉冷却	细化晶粒，以使钢的化学成分和组织均匀化	质量要求高或偏析较严重的合金钢铸锭、铸件或锻坯
去应力退火	将钢件随炉缓慢加热至 500～650℃，经一段时间保温后，随炉缓慢冷却至 200℃以下出炉空冷	去除工件的残留内应力，提高工件的尺寸稳定性，防止变形和开裂	铸件、锻件、焊接件、热轧件、冷拉伸件及机械加工件等
几种退火加热温度范围	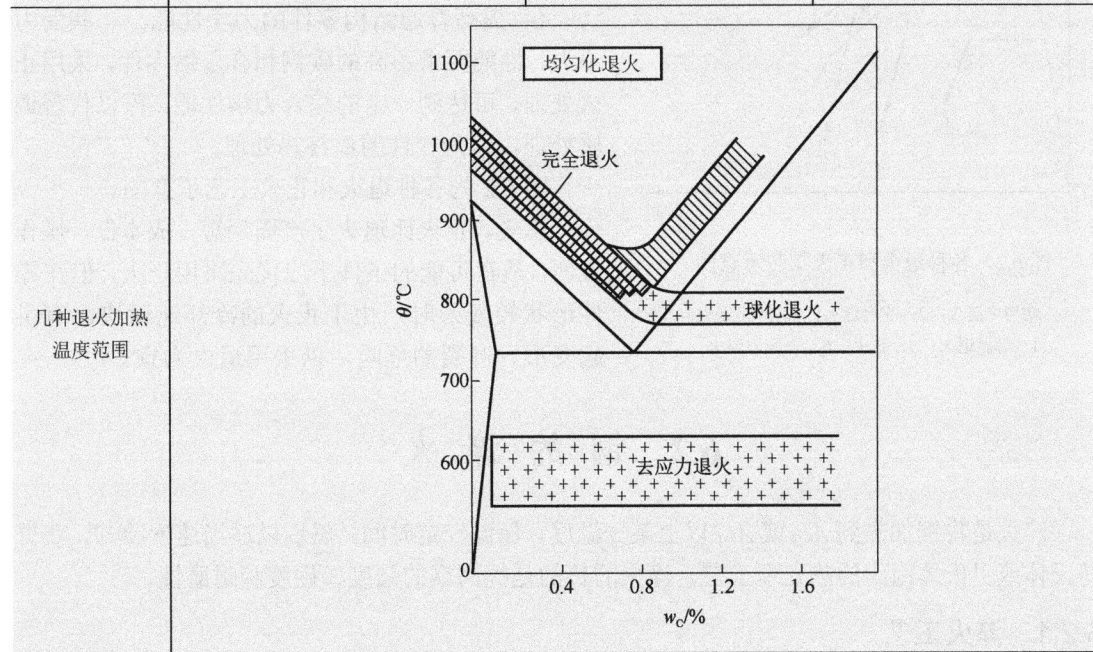		

6.1.2　正火

1. 正火的定义

正火就是将钢加热到奥氏体化后，保温一定时间后，在静止空气中冷却的热处理工艺。

2. 正火与退火的区别

正火与退火的目的基本相同，正火加热的温度稍高，冷却速度稍快，得到的珠光体晶粒较细，所以强度、硬度比退火的钢高。由于正火冷却速度快，操作简便，生产周期短，成本低，所以在满足使用性能的前提下，应优先选用正火。

3. 正火的应用

(1)改善钢的切削加工性能。碳的质量分数低于 0.25% 的碳素钢和低合金钢退火后硬度较低，切削加工时易于黏刀。通过正火处理，可以减少钢中的自由铁素体，获得细片状珠光体，使硬度提高，可以改善钢的切削加工性，延长刀具的寿命和提高工件的表面光洁程度。

(2)消除热加工缺陷。中碳结构钢铸、锻、轧件以及焊接件在热加工后易出现粗大晶粒等过热缺陷和带状组织，通过正火处理可以消除这些缺陷组织，达到细化晶粒、均匀组织、消除内应力的目的。

(3)消除过共析钢的网状碳化物，便于球化退火。过共析钢在淬火之前要进行球化退火，以便于切削加工，并为淬火做好组织准备。但当过共析钢中存在严重的网状碳化物时，将达不到良好的球化效果。通过正火处理可以消除网状碳化物。

(4)提高普通结构零件的力学性能。一些受力不大、性能要求不高的碳钢和合金钢零件，采用正火处理，可达到一定的综合力学性能，可以代替调质处理，作为零件的最终热处理。

图 6.2 为各种退火和正火工艺示意图。

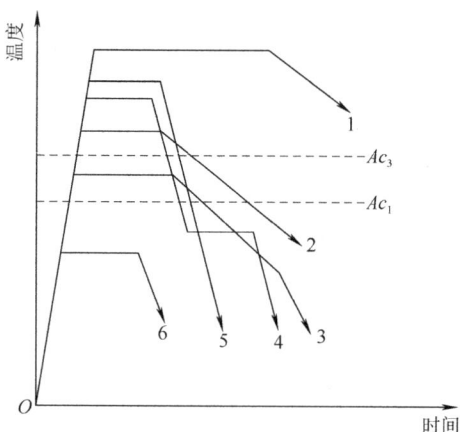

图 6.2　各种退火和正火工艺示意图

1. 均匀化退火；2. 完全退火；3. 球化退火；
4. 等温退火；5. 正火；6. 去应力退火

总之，正火比退火生产周期短，成本低，操作方便，故在可能的条件下应优先采用正火，但在零件形状较复杂时，由于正火的冷却速度快，有引起变形、开裂的危险，以采用退火为宜。

6.2　钢　的　淬　火

淬火是将钢加热到 Ac_3 或 Ac_1 以上某一温度，保温一定时间，然后以适当速度冷却，获得马氏体或贝氏体组织的热处理工艺。淬火的目的是提高钢的强度、硬度和耐磨性。

6.2.1　淬火工艺

1. 淬火加热温度

对亚共析钢，适宜的淬火加热温度一般为 Ac_3 以上 30～50℃，如图 6.3 所示。目的是获得细小奥氏体晶粒，淬火后得到均匀细小的马氏体组织。如果加热温度过高，则会引起奥氏体晶粒粗大，淬火后的组织为粗大马氏体，使淬火后钢的脆性增大，力学性能降低；如果加热温度过低，淬火组织中将出现铁素体，使淬火后硬度不足，强度不高，耐磨性降低。

　　对共析钢和过共析钢，适宜的淬火加热温度一般为 Ac_1 以上 30～50℃，淬火后获得均匀细小的马氏体基体，其上均匀分布着粒状渗碳体组织，保证钢的高硬度和高耐磨性。如果加热到 Ac_{cm} 以上将会导致渗碳体消失，奥氏体晶粒粗化，淬火后得到粗大马氏体组织，同时会引起较严重的变形，而且增大淬火开裂倾向。此外，由于渗碳体溶解过多，

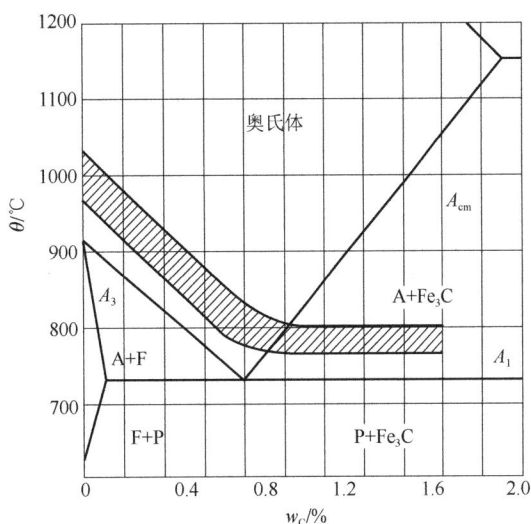

图 6.3　淬火加热温度

淬火后残留奥氏体含量增多，钢的硬度和耐磨性下降，脆性增大，易产生氧化和脱碳现象。如果淬火加热温度过低，则可能得到非马氏体组织，淬火后钢的硬度达不到要求。

　　对于合金钢，因为大多数合金元素能阻碍奥氏体晶粒长大(除 Mn、P 外)，所以它们的淬火温度允许比碳钢稍微提高，这样可使合金元素充分溶解和均匀化，以便淬火取得较好效果。

2. 淬火冷却介质

　　工件进行淬火冷却所使用的介质称为淬火冷却介质。理想的淬火冷却介质应具备的条件是使工件既能淬成马氏体，又不致引起太大的淬火应力。这就要求在等温转变图的"鼻尖"以上温度缓冷，以减小急冷所产生的热应力；在"鼻尖"处冷却速度要大于临界冷却速度，以保证过冷奥氏体不发生非马氏体转变；在"鼻尖"下方，特别是 M_s 点以下温度时，冷却速度应尽量小，以减小组织转变的应力。钢的理想淬火冷却速度曲线如图 6.4 所示。但是，在实际生产中，到目前为止，还没有找到一种淬火冷却介质能符合这一理想淬火冷却速度。

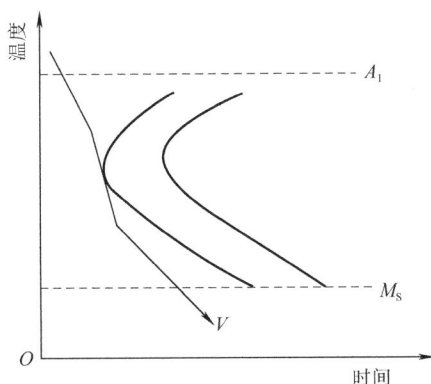

图 6.4　钢的理想淬火冷却速度示意图

常用的淬火冷却介质有矿物油、水、盐水、碱水等，其冷却能力依次增加。

(1)油冷却介质一般采用矿物质油(矿物油)，如全损耗系统用油、变压器油和柴油等。油的冷却能力很弱，在550～650℃阶段，其冷却强度仅为水的25%；在200～300℃阶段，其冷却强度仅为水的11%。在生产上用油作为淬火冷却介质只适用于过冷奥氏体稳定性比较大的一些合金钢或小尺寸的碳钢工件的淬火。

(2)水是目前应用最广泛的冷却介质，冷却能力较强，来源广，价格低，成分稳定不易变质。其缺点是在等温转变图的"鼻尖"区(500～600℃)，冷却不够快，会形成软点；而在马氏体转变温度区(100～300℃)，水处于沸腾阶段，冷却太快，易使马氏体转变速度过快而产生很大的内应力，致使工件变形甚至开裂，当水温升高时，水中含有较多气体或水中混入不溶杂质(如油、肥皂、泥浆等)，均会显著降低其冷却能力。因此，水适用于截面尺寸不大、形状简单的碳素钢工件的淬火冷却。

(3)盐水和碱水是在水中加入适量的食盐和碱，提高介质在高温区的冷却能力(盐水在550～650℃冷却速度快)。其缺点是介质的腐蚀性大，且在200～300℃冷却速度仍然很快，这将使工件变形严重，甚至发生开裂。

常用盐水的质量分数为5%～10%，过高的浓度不但不能增加冷却能力，相反，由于溶液的黏度增加，冷却速度反而有降低的趋势，但浓度过低也会减弱冷却能力，所以水中食盐的浓度应经常注意调整。盐水比较适用于形状简单、硬度要求高、均匀、表面粗糙度要求高、变形要求不严格的碳钢及低合金结构钢工件的淬火，使用温度不应超过60℃，淬火后应及时清洗并进行防锈处理。在分级淬火和等温淬火中一般用熔盐浴与熔碱浴淬火介质。新型淬火剂有聚乙烯醇水溶液和三硝水溶液等。

3. 淬火方法

为了达到较理想的淬火效果，除正确进行加热及合理选择冷却介质外，还应根据工件的材料、尺寸、形状及技术要求，选择合适的淬火方法。生产上常用的淬火方法有单介质淬火、双介质淬火、马氏体分级淬火、贝氏体等温淬火，如图6.5所示。

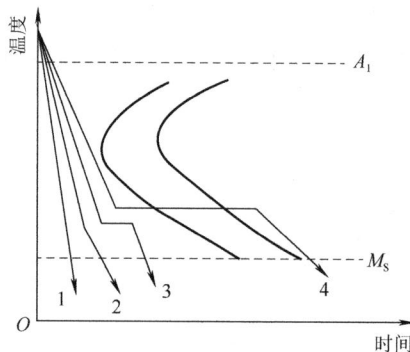

图6.5 各种淬火冷却速度

1. 单介质淬火；2. 双介质淬火；3. 马氏体分级淬火；4. 贝氏体等温淬火

1) 单介质淬火

单介质淬火为工件在一种介质中冷却，如水淬、油淬。优点是操作简单，易于实现机械化和自动化，应用广泛。缺点是在水中淬火应力大，工件容易变形、开裂；在油中淬火冷却速度小，淬透直径小，大型工件不易淬透。

在应用单介质淬火时，水或盐水用于大尺寸和淬透性差的碳钢件的淬火；油则适用于淬透性较好的合金钢件及小尺寸的碳钢件的淬火。

2）双介质淬火

双介质淬火为工件先在较强冷却能力介质中冷却到 300℃左右，再在一种冷却能力较弱的介质中冷却。双介质淬火的缺点是难以掌握双液转换的时刻，转换过早容易淬不硬，转换过迟又容易淬裂。为了克服这一缺点，发展了分级淬火法。

双介质淬火主要适用于形状较复杂的碳钢件及尺寸较大的合金钢件。例如，形状复杂的碳钢工件常采用水淬油冷的方法，即先在水中冷却到 300℃后再放入油中冷却，可有效减少马氏体转变的内应力，减小工件变形、开裂的倾向；而合金钢工件则采用油淬空冷，即先在油中冷却后在空气中冷却。

3）马氏体分级淬火

工件在低温盐浴或碱浴炉中淬火，盐浴或碱浴的温度在 M_s 点附近，工件在这一温度停留 2～5min，待工件内外层均达到介质温度后取出空冷，以获得马氏体组织的淬火方法称为马氏体分级淬火。分级淬火的目的是使工件内外温度较为均匀，同时进行马氏体转变，可以明显减小淬火应力，防止变形、开裂。分级淬火温度以前都定在略高于 M_s 点，工件内外温度均匀以后进入马氏体区。现在改进为在略低于 M_s 点的温度分级淬火。实践表明，在 M_s 点以下分级淬火的效果更好。例如，高碳钢模具在 160℃的碱浴中分级淬火，既能淬硬，变形又小，所以应用很广泛。

但由于盐浴的冷却速度不够快，淬火后会出现非马氏体组织，温度也难以控制，所以马氏体的分级淬火主要用于淬透性好的合金钢或尺寸较小、形状复杂的碳钢零件，如小尺寸的模具钢常用此方法。

4）贝氏体等温淬火

工件奥氏体化后，放在温度稍高于 M_s 点的盐浴或碱浴中，保温足够时间，使奥氏体转变为下贝氏体，取出空冷，这种热处理工艺称为贝氏体等温淬火。

这种方法用于中碳以上的钢，可以显著减小淬火应力和变形，使工件具有较高的强度、耐磨性和较好的塑性、韧性，适用于截面尺寸小、形状复杂、尺寸精确及综合力学性能要求较高的工件，如模具、成形刀具等。低碳钢一般不采用贝氏体等温淬火。

各种淬火方法的冷却方式、特点及应用见表 6.2。

表 6.2　各种淬火方法的冷却方式、特点及应用

淬火方法	冷却方式	特点和应用
单介质淬火	将奥氏体化的工件放入一种淬火介质中一直冷却到室温	操作简单，易实现机械化和自动化，适用于形状简单的钢件
双介质淬火	将奥氏体化的工件在冷却能力强的介质中冷却到接近 M_s 点时，立即取出放入冷却能力弱的介质中冷却	防止马氏体转变时钢件发生裂纹，常用于形状复杂的合金钢
马氏体分级淬火	将奥氏体化的工件放入温度稍高或稍低于 M_s 点的盐浴中，使工件各部位与盐浴的温度一致后，取出空冷完成马氏体转变	可明显减少热应力和变形、开裂倾向，但盐浴的冷却能力较低，故只适用于截面尺寸小于 10mm 的钢件，如刀具和量具等
贝氏体等温淬火	将奥氏体化的工件放入温度稍高于 M_s 点的盐浴中，在该温度下保温，使过冷奥氏体转变为下贝氏体组织后，取出空冷	常用来处理形状复杂、尺寸要求精确、强度和韧性高的工具、模具、弹簧等

6.2.2 钢的淬透性与淬硬性

1. 淬透性

淬透性是指钢在一定条件下淬火后,获得淬硬层深度的能力。一般规定,由钢的表面至内部马氏体组织含量占 50%处的距离称为淬透层深度,又称淬硬层深度。淬透性是钢的主要热处理性能指标,它对于钢材的选用及制定热处理工艺具有重要的意义。影响淬透性的因素是钢的临界冷却速度,凡是增加过冷奥氏体稳定性、降低临界冷却速度的因素(主要是钢的化学成分),均能提高钢的淬透性。图 6.6 为工件淬透层与淬火冷却速度的关系,图 6.6(b)中马氏体区表示淬硬层深度。

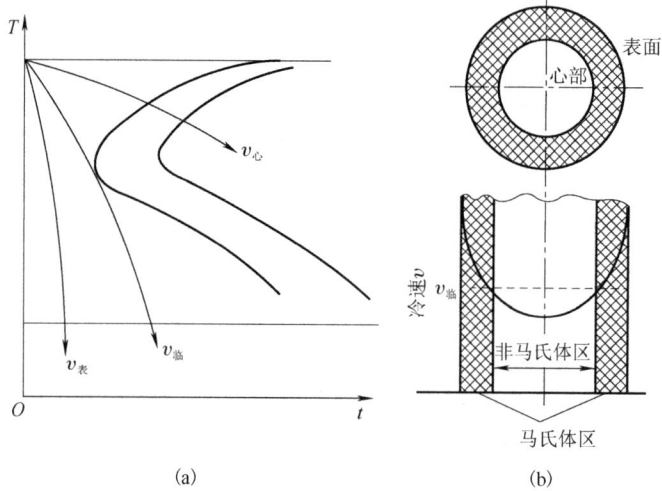

图6.6 工件淬透层与淬火冷却速度的关系

淬透性对钢的力学性能影响很大,如图 6.7 所示。实践证明,淬透性好的钢,淬火冷却后由表面到心部均获得马氏体组织,因此由表面到心部性能一致,具有良好的综合力学性能;而淬透性差的钢,心部的力学性能低,尤其是冲击切性更低。因此,对于截面尺寸大、形状复杂、要求综合力学性能好的工件,如机床主轴、连杆、螺栓等,应选用淬透性良好的钢材。另外,淬透性好的钢可在较缓和的淬火冷却介质中冷却,以减小变形,防止开裂;而焊接件则应选用淬透性较差的钢,以避免在焊缝热影响区出现淬火组织,造成焊件开裂。

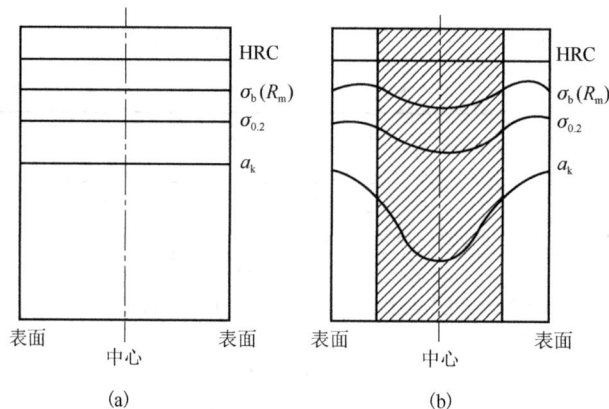

图6.7 淬透性对调质后钢的力学性能的影响

2. 淬硬性

淬硬性是指钢在理想条件下进行淬火所能达到最高硬度的能力，主要取决于马氏体中的含碳量，含碳量越高，则钢的淬硬性越高。

3. 淬硬性与淬透性之间的区别

淬透性和淬硬性是两个完全不同的概念，它们之间相互独立，互不相关。淬透性好的材料淬硬性不一定好，相反，淬硬性好的材料淬透性也不一定好。例如，低碳合金钢的淬透性相当好，但它的淬硬性却不高；再如，高碳工具钢的淬透性较差，但其淬硬性高。

同一钢种对不同截面的工件在同样奥氏体化条件下淬火，其淬透性是相同的，但是其有效淬硬层深度却因工件的形状、尺寸和冷却介质的不同而异。

淬透性是钢本身所固有的属性，对同一种钢，它是确定的，可用于不同钢种之间的比较。实际工件的有效淬硬层深度，除了取决于钢的淬透性，还与工件的形状、尺寸及采用的冷却介质等外界因素有关。

钢的淬透性是机械设计中选材时应予考虑的重要因素之一。大截面零件、承受动载的重要零件、承受拉力和压力的许多重要零件(螺栓、拉杆、锻模、锤杆等)，要求表面和心部力学性能一致，故应选择淬透性高的材料；心部力学性能对使用寿命无明显影响的零件(承受弯曲或扭转的轴类)，可选用淬透性低的钢，获得 1/4～1/2 淬硬层深度即可；焊接件、承受强力冲击和复杂应力的冷镦凸模等，不能或不宜选择淬透性高的材料。

6.2.3　淬火缺陷

1. 氧化与脱碳

氧化是指对工件加热时，介质中的氧、二氧化碳和水蒸气与钢件表面的铁起反应生成氧化物的过程。氧化的结果是形成一层松脆的氧化铁皮，造成金属损耗，并会使钢件表面硬度不均，丧失原有精度，甚至造成废品。

气体介质与钢件表面的碳作用，形成气体逸出，使钢件表面的含碳量降低，称为脱碳。脱碳会使钢件淬火后硬度、耐磨性和疲劳强度降低，所以，重要工件都不允许脱碳。防止氧化和脱碳的根本办法是在真空中加热或采用保护气体加热。此外，采用脱氧良好的盐浴加热或采用高温短时快速加热等方法也可减轻氧化与脱碳。

2. 过热与过烧

加热温度过高或保温时间过长，使奥氏体晶粒粗化的现象称为过热。过热钢淬火后具有粗大的针状马氏体组织，其韧性较低。

加热温度接近于开始熔化的温度，沿晶界处产生熔化或氧化的现象称为过烧。过烧后钢的强度很低，脆性很大。

以上两种缺陷都是由加热温度过高或保温时间过长造成的，因此，一要正确制定淬火工艺，二要经常观察仪表和炉膛火色，掌握好加热温度。对于过热的钢件可以通过一次或两次正火或退火来消除，过烧则无法补救。

3. 变形与开裂

淬火时的变形和开裂是零件热处理产生废品的主要原因之一。在冷却过程中热应力与组织应力的共同作用，常使零件产生变形，有的甚至出现表面裂纹。

变形工件可以进行校正，而开裂工件只能报废，所以要选用合理的工艺方法来避免这种缺陷的出现。

4. 硬度不足和软点

淬火后工件硬度未达到技术要求，主要原因如下。

(1)加热问题。亚共析钢加热温度低，保温时间短，奥氏体化不完全；过共析钢加热温度过高，淬火后残留奥氏体含量过多。

(2)冷却问题。淬火冷却介质冷却能力不够或冷却操作不合理，致使形成部分珠光体组织。

(3)零件表面脱碳严重。

淬火硬度不足的工件要检查形成原因，属第(1)和(2)类者可通过退火、高温回火等调整组织，重新淬火。

淬火后，工件表面某些局部小区域硬度不足称为软点，产生的主要原因如下。

(1)工件内部成分和组织不均。

(2)淬火介质中有污物，污染工件部分表面，使该区域冷却能力不足。

(3)工件互相堆叠，使冷却不均匀等。

软点是造成零件磨损和疲劳破坏的源地，显著缩短零件使用寿命。与硬度不足缺陷一样，可以通过适当热处理后重新淬火。

6.3 钢 的 回 火

淬火后的零件必须进行回火，这是因为钢经淬火后虽然硬度提高，但其塑性、韧性很差，淬火后组织是不稳定的，且零件处于内应力很高的状态，这种内应力必须及时予以消除，如果不及时进行回火，会造成零件变形甚至开裂。

回火是将淬火后的工件再加热到 Ac_1 以下某一温度，保持一定时间，然后冷却到室温的热处理方法。选择不同的回火温度可以获得不同的组织，以达到调整性能的目的。回火是热处理的最后一道工序，而且对钢的性能影响很大，从这一意义上来讲，可以认为回火操作决定了零件的使用性能和寿命。

回火的目的主要有以下几点：

(1)消除工件淬火时产生的残留应力，防止变形和开裂；

(2)调整工件的硬度、强度、塑性和韧性，达到使用性能要求；

(3)稳定组织与尺寸，保证精度；

(4)改善和提高加工性能。

因此，回火是工件获得所需性能的最后一道重要工序。

6.3.1 钢在回火时组织和性能的变化

以共析钢为例，淬火后钢的组织由马氏体和残留奥氏体组成，它们都是不稳定的，有自发转变为铁素体和渗碳体平衡组织的趋势，但在室温下原子的活动能力很差，这种转变速度很慢。淬火钢的回火正是促使这种转变易于进行，这种转变称为回火转变。

在淬火钢中马氏体是比体积最大的组织，而奥氏体是比体积最小的组织。在发生回火转变时，必然会伴随明显的体积变化。当马氏体发生转变时，钢的体积将减小；当残留奥氏体发生转变时，钢的体积将增大。因此，根据淬火钢在回火时的体积变化，就可以了解回火时的相变情况。根据转变情况不同，回火过程一般有以下四个阶段的变化。

1. 马氏体的分解

在温度低于 100℃回火时，钢的体积没有发生变化，表明回火钢中没有明显的转变发生，此时只发生马氏体中碳原子的偏聚，而没有开始分解。

在 100～200℃回火时，钢的体积发生收缩，即发生回火的第一次转变。在此温度下，马氏体开始分解，马氏体中的过饱和碳原子以极细小碳化物形式析出，使马氏体中碳的质量分数降低，过饱和程度下降，晶格畸变程度减弱，内应力有所降低。此过程形成由过饱和程度降低的马氏体和细小碳化物组成的组织。虽然马氏体中碳的过饱和程度降低，硬度有所下降，但析出的碳化物对基体又起到强化作用。因此，此阶段仍保持淬火钢的高硬度和高耐磨性，但内应力下降，韧性有所提高。

2. 残留奥氏体的分解

当温度升至 200～300℃时，马氏体继续分解，同时残留奥氏体开始分解，转变为下贝氏体组织。由于钢中最小比体积的残留奥氏体发生分解，钢的体积发生膨胀，此阶段虽然马氏体继续分解会降低钢的硬度，但是由于同时出现软的残留奥氏体分解为较硬的下贝氏体，钢的硬度没有明显降低，内应力进一步减小。

3. 渗碳体的形成

当回火温度加热到 300～400℃时，钢的体积又发生收缩，这表明，从过饱和固溶体中继续析出碳化物并逐渐转变为细小颗粒状渗碳体，达到 400℃时，α-Fe 中的过饱和碳基本析出，α-Fe 的晶格恢复正常，内应力基本消除。此时形成由铁素体和细粒状渗碳体组成的混合物。

4. 渗碳体的聚集长大

碳钢淬火后在回火过程中发生的组织转变主要有马氏体和残留奥氏体的分解、碳化物的形成和聚集长大，以及 α-Fe 的回复与再结晶等，随回火温度的不同可得到三种类型的回火组织。

1)回火马氏体

在显微镜下观察高碳钢淬火后在 150～250℃低温回火所获得的组织时，可看到回火马氏体保持片状形态；中碳钢淬火后得到板条状马氏体和片状马氏体的混合组织，低温回火后所得到的回火马氏体仍然保持板条状和片状形态；低碳钢淬火后得到低碳板条状马氏体组织，经低温回火后只有碳原子的偏聚，没有碳化物的析出，其形态保持不变。回火马氏体具有高的硬度和高的耐磨性，因内应力有所降低，故韧性有所提高。

2)回火托氏体

在 250～500℃回火所得到的组织为回火托氏体，它的渗碳体是颗粒状的。回火托氏体的弹性极限和屈服强度高，具有一定的韧性。

3)回火索氏体

在 500～650℃回火所得到的组织为回火索氏体，它的渗碳体颗粒比回火托氏体粗，弥散度较小。回火索氏体具有良好的韧性和塑性，同时具有较高的强度，因此具有良好的综合力学性能。

6.3.2　回火方法

淬火钢回火后的组织与性能由回火温度决定，通过不同温度的回火，可以获得不同的组织与性能，从而满足不同使用性能的要求。回火属于最终热处理，根据回火温度不同，可将回火分为低温回火、中温回火及高温回火三种类型。

1. 低温回火

回火温度为150～250℃，回火后的组织为回火马氏体，内应力和脆性有所降低，但保持马氏体的高硬度和高耐磨性。低温回火主要应用于高碳钢或高碳合金钢制造的工具、模具、滚动轴承及渗碳和表面淬火的零件。回火后的硬度一般为58～64HRC。

2. 中温回火

回火温度为250～500℃，回火后的组织为回火托氏体，硬度为35～45HRC，具有一定的韧性和较高的弹性极限与屈服强度。中温回火主要应用于各类弹簧和热锻模等。

3. 高温回火

回火温度为500～650℃，回火后的组织为回火索氏体，其硬度为25～35HRC，具有强度、硬度、塑性和韧性都较好的综合力学性能。高温回火广泛应用于汽车、拖拉机、机床等机械中的重要结构零件，如轴、连杆、螺栓、齿轮等。

工业上通常将淬火与高温回火相结合的热处理工艺称为调质处理。钢件经调质处理后的组织为回火索氏体，其中渗碳体呈颗粒状，不仅强度、硬度比正火钢高，而且塑性和韧性远高于正火钢。因此，一些重要零件一般都用调质处理而不采用正火。

6.3.3 回火脆性

回火脆性是指淬火钢回火后出现韧性下降的现象。淬火钢在回火时，随着回火温度的升高，硬度降低，韧性升高，但是在许多钢的回火温度与冲击韧性的关系曲线中出现了两个低谷，一个在200～400℃，另一个在450～650℃。回火脆性可分为第一类回火脆性和第二类回火脆性。

第一类回火脆性又称不可逆回火脆性、低温回火脆性，主要发生在回火温度为250～400℃时，特征如下：

(1)具有不可逆性；

(2)与回火后的冷却速度无关。

防止第一类回火脆性的办法是避免在此温度范围内回火或采用等温淬火工艺。

第二类回火脆性又称可逆回火脆性、高温回火脆性。发生的温度在400～650℃，特征如下：

(1)具有可逆性；

(2)与回火后的冷却速度有关，回火保温后，缓冷出现，快冷不出现，出现脆化后可重新加热后快冷消除；

(3)与组织状态无关，但以马氏体的脆化倾向大。

第二类回火脆性如果在回火时快冷就不会出现。另外，如果脆性已经发生，只要重新加热到原来的回火温度并快冷，则可完全消除第二类回火脆性。

6.4 钢的表面热处理

在扭转和弯曲等交变载荷及冲击载荷的作用下工作的机械零件，如各种齿轮、凸轮、曲轴、活塞销及轧辊等工件(图6.8)，它们的表面层承受着比心部高的应力，在有摩擦的场合，表面层还不断地磨损。因此,对零件的表面层提出了强化的要求,使它的表面具有高的强度、硬度、耐磨性和疲劳极限,心部仍保持足够的塑性和韧性,即达到零件"外硬内韧"的性能要求。

仅对工件表层进行热处理,以改变其组织和性能的工艺,称为表面热处理。常用的表面热处理工艺分为两类:一类是只改变表面组织而不改变化学成分的表面淬火;另一类是同时改变表面化学成分和组织的表面化学热处理。

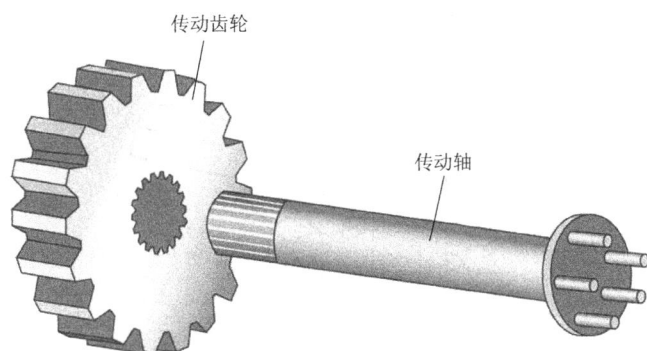

图 6.8 表面和心部性能要求不同的零件

6.4.1 表面淬火

钢的表面淬火是仅对工件表面进行淬火以改善表层组织和性能的热处理方法。表面淬火是强化钢件表面的重要手段,由于它具有工艺简单、热处理变形小和生产率高等优点,在生产上应用极为广泛。表面淬火主要是通过快速加热与立即淬火冷却相结合的方法来实现的,即利用快速加热使钢件表面很快地达到淬火温度,而不等热量传至中心,即迅速予以冷却,如此便可以只使表层淬硬为马氏体,而中心仍为未淬火组织,即原来塑性和韧性较好的退火、正火或调质状态的组织。实践证明,表面淬火用钢碳的质量分数以 0.40%~0.50%为宜。如果提高含碳量,则会增加淬硬层脆性,降低心部塑性和韧性,并增加淬火开裂倾向;相反,如果降低含碳量,则会降低零件表面淬硬层的硬度和耐磨性。

根据加热方法不同,表面淬火方法主要有感应淬火、火焰淬火、接触电阻加热淬火以及电解液淬火等。工业中应用最多的为感应淬火和火焰淬火,下面分别进行叙述。

1. 感应淬火

感应淬火是利用感应电流通过工件所产生的热量,使工件表面、局部或整体加热,并进行快速冷却的淬火工艺。

1)感应淬火原理

把工件放在由空心铜管绕成的感应器中,当感应器中通入一定频率的交流电时,在感应器内部或周围便产生交变磁场,在工件内部就会产生频率相同、方向相反的感应电流。这种电流在工件内部自成回路,称为涡流。由于涡流在工件内部分布是不均匀的,表面电流密度大,心部电流密度小,通入感应器中的电流频率越高,涡流就越集中于工件表面,这种现象称为趋肤效应。钢件本身具有电阻,因而集中于工件表面的电流可使表层迅速加热,几秒即可使温度上升至 800~1000℃,而心部温度仍接近于室温。图 6.9 为工件与感应器的工作位置以及工件截面上电流密度的分布。一旦工件表层上升至淬火加热温度时即迅速冷却,就可达到表面淬火的目的。

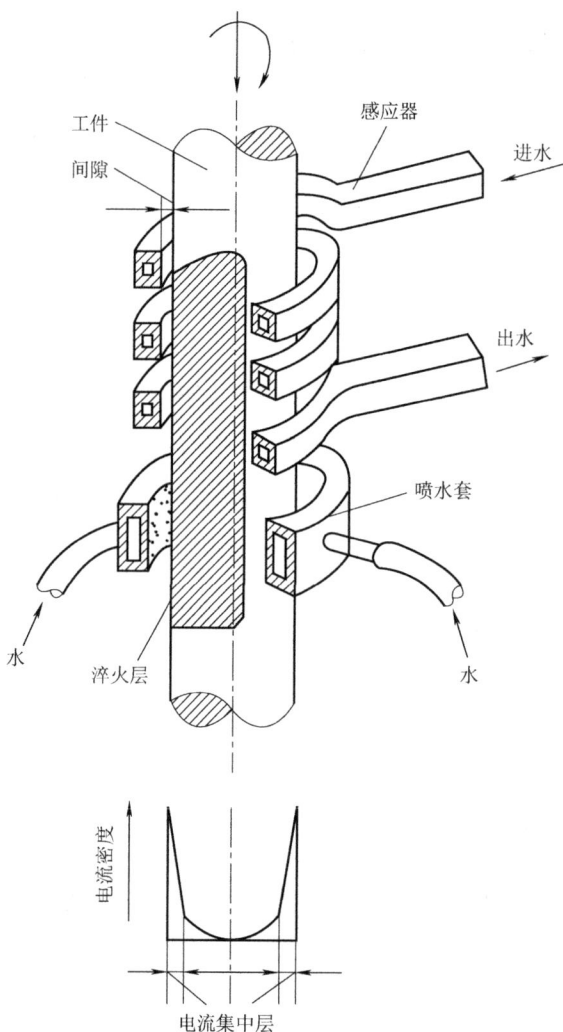

图 6.9　感应淬火示意图

感应淬火一般用于中碳钢(40 钢、45 钢)和中碳合金钢(40Cr 钢、40MnB 钢)制作的齿轮、轴、销等零件，也可用于高碳工具钢及铸铁件。

2)感应加热的频率

选用感应电流透入工件表层的深度(单位为 mm)主要取决于电流频率(单位为 Hz)，频率越高，电流透入深度越浅，即淬透层越薄。因此，可选用不同频率来满足不同要求的淬硬层深度。

3)感应淬火的特点

(1)加热速度极快，加热时间短(几秒到几十秒)；

(2)感应淬火件的晶粒细、硬度高(比普通淬火高 2～3HRC)，且淬火质量好；

(3)淬硬层深度易于控制，通过控制交流电频率来控制淬硬层深度；

(4)生产效率高，易实现机械化和自动化，适于大批量生产。

感应淬火是表面淬火方法中比较好的一种，因此受到普遍的重视和广泛应用。

4) 感应淬火的应用

对于需要感应淬火的工件，其设计技术条件一般应注明表面淬火层硬度、淬火后的表面硬度和心部硬度、强度及韧性，一般用于中碳钢和中碳合金钢，如 40 钢、45 钢、40Cr 钢、40MnB 钢等，这些钢需要经过预备热处理(正火或调质处理)，以保证工件表面在淬火后得到均匀细小的马氏体，并改善工件心部硬度、强度以及可加工性，以减少淬火变形。工件在感应淬火后需要进行低温回火(180～200℃)，以降低内应力和脆性，获得回火马氏体组织，使表面具有较高的硬度和耐磨性，心部有较高的综合力学性能。另外，铸铁件也适合用感应淬火的方法来强化。

2. 火焰淬火

火焰淬火是应用可燃气体(如氧-乙炔火焰)对工件表面进行加热，随即快速冷却以获得表面硬化效果的淬火工艺，如图 6.10 所示。火焰加热温度很高(3000℃以上)，能将工件迅速加热到淬火温度，通过调节烧嘴的位置和移动速度，可以获得不同厚度的淬硬层。

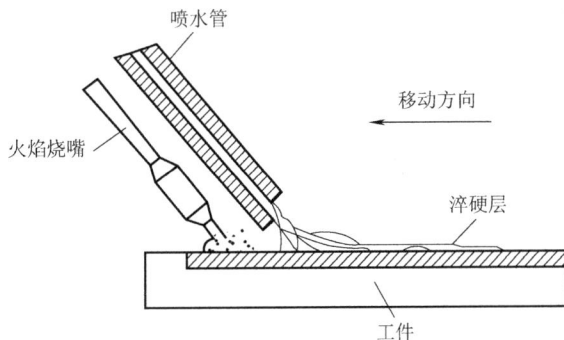

图 6.10　火焰淬火示意图

火焰淬火零件材料常采用中碳钢(如 35 钢、45 钢)以及中碳合金结构钢(如 40Cr 钢、65Mn 钢)等。如果含碳量过低，则淬火后硬度较低；如果碳和合金元素含量过高，则易淬裂。火焰淬火法还可用于对铸铁件，如灰铸铁、合金铸铁进行表面淬火。

火焰淬火的淬硬层深度一般为 2～6mm，若要获得更深的淬硬层，往往会引起零件表面严重的过热且易产生淬火裂纹。

火焰淬火后，零件表面不应出现过热、烧熔或裂纹，变形情况也要在规定的技术要求之内。由于火焰淬火方法简便，无需特殊设备，可适用于单件、小批量生产的大型工件和需要局部淬火的工具或零件，如大型轴类、大模数齿轮、轧辊等的表面淬火。但加热温度和淬硬层深度不易控制，淬火质量不稳定，工作条件差，因此限制了它在机械制造工业中的广泛应用。

6.4.2　钢的化学热处理

化学热处理是将工件置于活性介质中加热和保温，使介质中活性原子渗入工件表层，以改变其表面层的化学成分、组织结构和性能的热处理工艺。根据渗入元素的类别，化学热处理可分为渗碳、渗氮、碳氮共渗等。

任何化学热处理方法的物理化学过程基本相同，都是元素的原子向工件内部扩散的过程，一般都要经过分解、吸收和扩散三个过程。

(1)分解：加热使介质分解出活性原子[N]或[C]。

(2)吸收：分解出的活性原子被工件表面吸收，即活性原子溶于钢的固溶体中或与钢中某元素形成化合物。

(3)扩散：吸收的活性原子在工件表面形成浓度梯度，因而必将由表及里地向内部扩散，形成一定深度的渗透层。

1. 渗碳

将低碳工件放在渗碳性介质中加热、保温，使其表面层渗入碳原子的一种化学热处理工艺称为渗碳。渗碳工艺广泛用于飞机、汽车和拖拉机等的机械零件，如齿轮、轴、凸轮轴等。

渗碳零件的材料一般选用低碳钢或低碳合金钢(含碳量小于 0.25%)。渗碳后必须进行淬火才能充分发挥渗碳的有利作用。工件渗碳淬火后的表层显微组织主要为高硬度的马氏体加上残余奥氏体和少量碳化物，心部组织为韧性好的低碳马氏体或含有非马氏体的组织，但应避免出现铁素体。一般渗碳层深度为 0.8～1.2mm，深度渗碳时可达 2mm 或更深。表面硬度可达 58～63HRC，心部硬度为 30～42HRC。渗碳淬火后，工件表面产生压缩内应力，对提高工件的疲劳强度有利。因此渗碳广泛用于提高零件强度、冲击韧性和耐磨性，借以延长零件的使用寿命。

渗碳的目的是提高工件表层含碳量。经过渗碳及随后的淬火和低温回火，提高工件表面的硬度、耐磨性和疲劳强度，而心部仍保持良好的塑性和韧性。

根据所采用的渗碳剂的不同，渗碳方法可分为气体渗碳、液体渗碳、固体渗碳。气体渗碳具有碳势可控、生产率高、劳动条件好和便于渗后直接淬火等优点，应用最广。

气体渗碳是将工件装入密闭的渗碳炉内(图 6.11)，通入气体渗碳剂(甲烷、乙烷等)或液体渗碳剂(煤油或苯、酒精、丙酮等)，在高温下分解出活性炭原子，渗入工件表面，以获得高碳表面层的一种渗碳操作工艺。

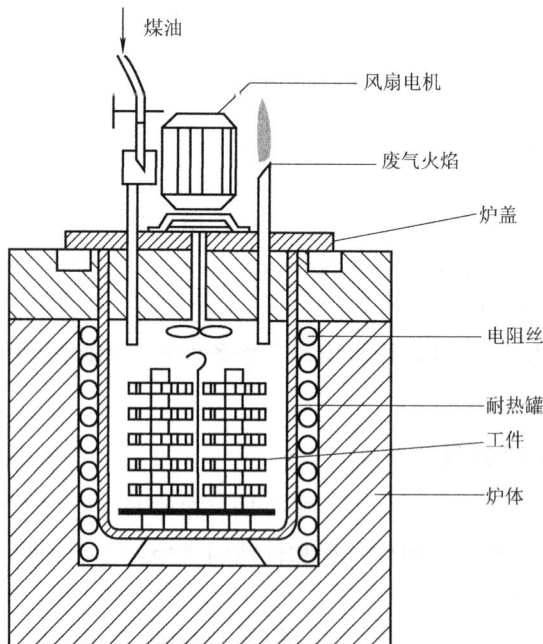

图 6.11 气体渗碳炉示意图

固体渗碳是将工件和固体渗碳剂(木炭加促进剂组成)一起装在密闭的渗碳箱中,将箱放入加热炉中加热到渗碳温度,并保温一定时间,使活性炭原子渗入工件表面的一种最早的渗碳方法。

2. 渗氮

渗氮是在一定温度下(一般在 Ac_1 以下)使活性氮原子渗入工件表面的一种化学热处理工艺方法。

向钢件表面渗入氮,形成含氮硬化层的化学热处理过程称为氮化。与渗碳相比,氮化工件具有以下特点:

(1)渗氮层具有很高的硬度和耐磨性;

(2)渗氮层具有渗碳层所没有的耐蚀性;

(3)渗氮比渗碳温度低,工件变形小。

渗氮处理适用于耐磨性和精度都要求较高的零件或要求抗热、抗蚀的耐磨件,如发动机的汽缸、排气阀、高精度传动齿轮等。

渗氮有多种方法,常用的是气体渗氮和离子渗氮。

气体渗氮是工件在气体介质中进行渗氮。将工件放入密闭的炉内,加热到 500~600℃,通入氨气(NH_3),氨气分解出活性氮原子。

离子渗氮是在低于一个大气压的渗氮气氛中,利用工件(阴极)和阳极之间产生的辉光放电现象进行渗氮的工艺。

为提高渗氮工件的表面硬度、耐磨性和疲劳强度,必须选用渗氮钢,这些钢中含有 Cr、Mo、Al 等合金元素,渗氮时形成硬度很高、弥散分布的合金氮化物,可使钢的表面硬度达到 1100HV 左右,且这些合金氮化物热稳定性很高,加热到 500℃仍能保持高硬度。其中历史最久、应用最普遍的渗氮钢是 38CrMoAlA 钢。但使用中发现,38CrMoAlA 钢的可加工性较差,淬火温度较高,易于脱碳,渗氮后的脆性也较大。为此,逐渐发展了无铝渗氮钢。目前渗氮钢包括多种 w_C 为 0.15%~0.45%的合金结构钢,如 38CrMoAlA 钢、20CrNiWA 钢、40Cr 钢、40CrV 钢、42CrMo 钢、38CrNi3MoA 钢等。此外,一些冷作模具钢、热作模具钢及高速钢等也适于渗氮处理。

3. 碳氮共渗

碳氮共渗是向钢的表面同时渗入碳和氮的过程,并以渗碳为主的化学热处理工艺,习惯上又称氰化。目前以中温气体碳氮共渗和低温气体碳氮共渗(即气体软氧化)应用较为广泛。中温气体碳氮共渗的主要目的是提高钢的硬度、耐磨性和疲劳强度。低温气体碳氮共渗以渗氮为主,其主要目的是提高钢的耐磨性和抗咬合性。

6.5　时　效　处　理

金属工件(铸件、锻件、焊接件)在冷、热加工过程中都会产生残余应力。残余应力高者(单位为 Pa)在屈服强度附近,构件中的残余应力大多数表现出很大的有害作用,如降低构件的实际强度,降低疲劳极限,造成应力腐蚀和脆性断裂,残余应力的松弛使零件产生变形,明显影响构件的尺寸精度。因此降低和消除工件的残余应力十分必要,特别是在航空航天、船舶、铁路及工矿生产等行业,由残余应力引起的疲劳失效更不容忽视。

　　时效处理指合金工件经固溶处理、冷塑性变形或铸造、锻造后，在较高的温度放置或室温保持其性能、形状、尺寸随时间而变化的热处理工艺。

　　目前的针对残余应力的不同处理方法有自然时效和人工时效(包括热处理时效、敲击时效、振动时效)。

1. 自然时效

　　自然时效适合热应力(铸造、锻造过程中产生的残余应力)、冷应力(机械加工过程中产生的残余应力)、焊接应力(焊接过程中产生的应力)，自然时效是最古老的时效方法。它是把构件露天放置于室外，依靠大自然的力量，经过几个月至几年的风吹、日晒、雨淋和季节的温度变化，给构件多次造成反复的温度应力。在温度应力形成的过载下，促使残余应力发生松弛而使尺寸精度获得稳定。

　　自然时效降低的残余应力不大，但对工件尺寸稳定性很好，原因是工件经过长时间的放置，石墨尖端及其他线缺陷尖端附近产生应力集中发生塑性变形，松弛应力，同时强化这部分基体，于是该处的松弛刚度也提高，增加这部分材质的抗变形能力。自然时效降低了少量残余应力，却提高了构件的松弛刚度，对构件的尺寸稳定性较好，方法简单易行，但生产周期长，占用场地大，不易管理，不能及时发现构件内的缺陷，已逐渐淘汰。

2. 热处理时效

　　热处理时效适合热应力(铸造、锻造过程中产生的残余应力)、冷应力(机械加工过程中产生的残余应力)、焊接应力(焊接过程中产生的应力)，热时效处理是传统的消除残余应力方法。它是将构件由室温缓慢、均匀加热至550℃左右，保温4~8h，再严格控制降温速度至温度为150℃以下出炉。

　　热处理时效工艺要求严格，如要求炉内温差不大于±25℃，升温速度不大于 50℃/h，降温速度不大于20℃/h，炉内最高温度不超过570℃，保温时间也不易过长。如果温度高于570℃，保温时间过长，会引起石墨化，构件强度降低。如果升温速度过快，构件在薄壁处升温速度比厚壁处快得多，构件各部分的温差急剧增大，会造成附加温度应力。如果附加应力与构件本身的残余应力叠加超过强度极限，就会造成构件开裂。

　　热处理时效如果降温不当，会使时效效果大为降低，甚至产生与原残余应力相同的温度应力(二次应力、应力叠加)，并残留在构件中，从而破坏已取得的热处理时效效果。

3. 敲击时效

　　敲击时效适合焊接应力(焊接过程中产生的应力)，又称为锤击处理。锤击处理很早引入焊接领域，初期主要应用于消除焊接变形。锤击处理分为手工锤击法和电锤锤击法。通过观察分析，适当锤击可以消除和减少焊接裂纹，进而推断锤击有消除焊接残余应力的作用，因此在工艺中采用锤击处理，防止焊接裂纹的产生。一般认为，锤击处理消除焊接残余应力是使被处理金属通过锤击，在体内局部产生一定的塑性伸长，释放焊接过程产生的残余拉伸弹性应变，从而达到释放焊接残余应力的目的。但由于锤击的不规范及焊接残余应力准确测试的困难，故对于锤击处理与残余应力的关系，至今尚没有一个科学的和系统的研究。

　　在合适的焊接规范和工艺下，锤击不仅能有效地消除工件焊缝部位的应力，而且能促进热影响区拉伸残余应力的释放，甚至可以获得一定的压应力。

4. 振动时效

　　振动时效适合热应力(铸造、锻造过程中产生的残余应力)、冷应力(机械加工过程中产生的残余应力)。振动时效就是在激振设备周期性激振力的作用下,在某一频率使金属工件共振形成动应力,工件在半小时内进行数万次较大振幅的亚共振,其内部残余应力叠加,达到一定数值后,在应力最集中处,会超过屈服强度而产生微小的塑性变形,降低该处残余应力,并强化金属基体;而后振动在其余应力集中部分产生同样作用,直至不能引起任何部分塑性变形,从而使构件内残余应力降低和重新分布,处于平衡状态,提高材料的强度。构件在后续安装使用中,因不再处于共振状态,不承受比共振力更大的外力作用,振后构件不会出现应力变形。振动时效也可看作在周期动应力作用下循环应变,金属材料内部晶体位错运动使微观应力增加,达到调节应力、稳定构件尺寸的效果。

振动时效,在国外称为 VSR(Vibratory Stress Relief)。它是在激振器的周期性外力(激振力)的作用下,使工件自身产生共振,进而使其内部歪曲的晶格产生滑移而恢复平衡,提高工件的松弛刚度,消除并均化残余应力,使其尺寸稳定。在以消除残余应力为目的的时效方法中,振动时效可以完全代替热处理时效。

6.6　零件的热处理分析

热处理是机械制造过程中的重要工序,正确理解热处理的技术条件,合理安排热处理工艺在整个加工过程中的位置,对于改善钢的切削加工性能、保证零件的质量、满足使用要求,具有重要的意义。

6.6.1　热处理的技术条件

工件在热处理后的组织应当达到的力学性能、精度和工艺性能等要求,统称为热处理的技术条件。热处理的技术条件是根据零件工作特性提出的。一般零件均以硬度作为热处理的技术条件;对渗碳零件应标注渗碳层深度,对某些性能要求较高的零件还必须标注力学性能指标或金相组织要求。

标注热处理的技术条件时,可用文字在零件图样上扼要说明,也可用国家标准中规定的热处理工艺代号来表示。

6.6.2　热处理的工序位置

零件的加工是沿着一定的工艺路线进行的,合理安排热处理的工序位置,对于保证零件质量、改善切削加工性能具有重要的意义。根据热处理目的和工序位置不同,热处理可分为预备热处理和最终热处理两大类。

1. 预备热处理

预备热处理是指为随后的机加工或最终热处理提供一个良好的机加工性能或良好的组织形态而进行的热处理,包括退火、正火、调质等。退火、正火的工序通常安排在毛坯生产之后、切削加工之前,以消除毛坯的内应力、均匀组织、改善切削加工性能,并为以后的热处理做组织准备。对于精密零件,为了消除切削加工的残余应力,在半精加工之后还安排去应力退火。调质工序一般安排在粗加工之后、精加工或半精加工之前,目的是获得良好的综合力学性能,为以后的热处理做组织准备。调质一般不安排在粗加工之前,以免表面调质层在粗加工时大部分被切削掉,失去调质处理的作用。这一点对于淬透性差的碳钢零件尤为重要。

2. 最终热处理

最终热处理包括淬火、回火及表面热处理等。零件经过热处理后，获得所需的使用性能。因其硬度高，除磨削外，不宜进行其他形式的切削加工。故其工序位置一般安排在半精加工之后。

有些零件性能要求不高，对其毛坯进行退火、正火、调质即可满足使用要求，这时退火、正火、调质也可作为最终热处理。

6.6.3　典型零件热处理分析

1. 丝锥和板牙

1) 丝锥和板牙的作用

丝锥的作用是加工内螺纹，板牙的作用是加工外螺纹(图 6.12)。

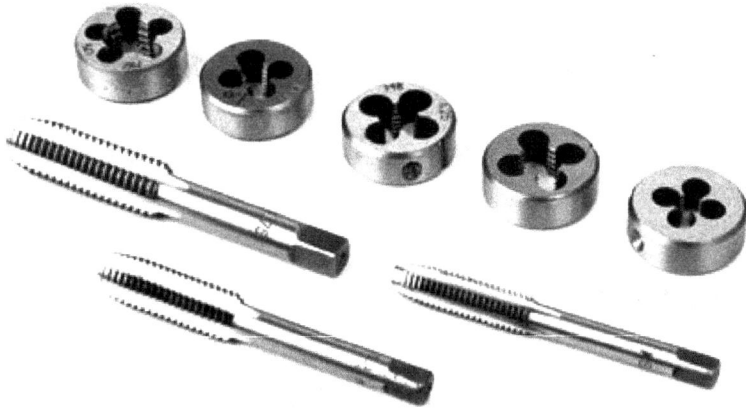

图 6.12　丝锥、板牙

2) 工作条件

柄部和心部承受较大的扭转应力，齿刃部承受较大的摩擦和磨损，高速切削时齿刃部还要承受较高的工作温度。

3) 失效形式

主要失效形式是磨损和扭断。

4) 力学性能要求

齿刃部应具有高硬度(59～64HRC)和高耐磨性，一定的热硬性(视切削速度而定)；柄部和心部应具有足够的强度和韧性，硬度为 35～45HRC。

5) 丝锥和板牙的常用材料及热处理

(1)手用丝锥和板牙，切削速度低，热硬性不作要求，可选用 T10A 钢和 T12A 钢制造，并经淬火和低温回火。

(2)机用丝锥和板牙，因切削速度较高，对热硬性有要求。较高的切削速度(8～10m/min)，要求有较高的热硬性，可选用 9SiCr 钢、9Mn2V 钢、CrWMn 钢制造。切削速度达到 25～55m/min 时，要求有高的热硬性，可选用 W18Cr4V 钢制造，并经适当的热处理。

6) 手用丝锥实例分析

根据上述分析，M12 手用丝锥(图 6.12)选用 T12A 钢制造，其加工路线为：下料→球化退火→机械加工→淬火、低温回火→柄部回火→防锈处理。

丝锥在大量生产时常采用滚压方法加工螺纹；淬火时为减少刃部的变形，可采用硝盐等温淬火或分级淬火；柄部回火可采用 600℃硝盐炉，快速局部回火。

2. 轴类零件

1) 轴类零件的作用

轴类零件的主要作用是支承传动零件、传递运动和动力。

2) 工作条件

(1) 承受较大的交变弯曲应力、扭转应力。

(2) 轴颈和花键部位承受较大的摩擦。

(3) 承受一定的冲击载荷。

3) 失效形式

常见的失效形式有疲劳断裂、过量的弯曲变形和扭转变形、过量磨损。

4) 力学性能要求

(1) 具有良好的综合力学性能。

(2) 轴颈等部位应具有高的硬度和良好的耐磨性。

(3) 具有高的疲劳强度。

5) 轴类零件常用材料及热处理

(1) 中碳钢和中碳合金钢。考虑到轴类零件的综合力学性能要求，主要选用经过轧制或锻造的 35 钢、40 钢、45 钢、50 钢、40Cr 钢、40CrNi 钢、40MnB 钢等，一般应进行正火或调质；若轴颈处耐磨性要求高，可对轴颈处进行表面淬火。具体的钢种应根据载荷的类型、零件的尺寸和淬透性决定。承受弯曲载荷和扭转载荷的轴类，应力的分布是由表面向中心递减的，对淬透性要求不高；承受拉、压载荷的轴类，应力沿轴的截面均匀分布，应选用淬透性较高的钢。

(2) 承受冲击载荷较大，对强度、塑性、韧性要求高或要求进一步提高轴颈的耐磨性时，可选用 20Cr 钢、20CrMnTi 钢等合金渗碳钢并进行渗碳、淬火、低温回火处理。

(3) 对于受力小、不重要的轴可选用 Q235～Q275 等普通质量碳钢。

(4) 球墨铸铁和高强度灰铸铁可用来制作形状复杂、难以锻造成形的轴类零件，如曲轴等。

6) 轴类零件选材举例

图 6.13 是 C6132 卧式车床主轴结构简图，其工作时主要承受交变弯曲应力、扭转应力和一定的冲击载荷，运转较平稳。要求具有良好的综合力学性能，锥孔、外圆锥面、花键表面要求耐磨。现选用 45 钢制造，其工艺路线如下：下料→锻造→正火→粗加工→调质→半精加工(花键除外)→局部淬火(内外圆锥面)+低温回火→粗磨→铣花键→花键感应淬火+低温回火→精磨。

整体调质硬度可达到 220～250HBS；内、外圆锥面采用盐浴局部淬火和低温回火，硬度为 45～50HRC；花键部分采用高频感应淬火和低温回火，硬度为 48～53HRC。

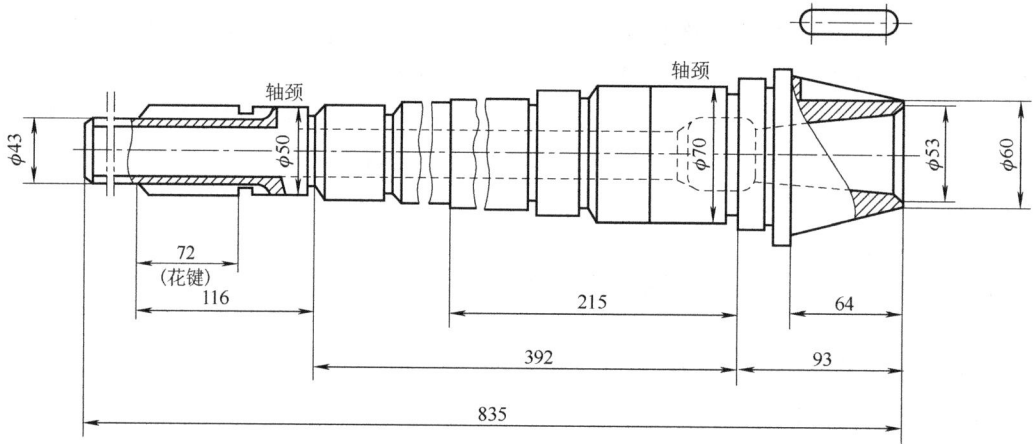

图 6.13　C6132 卧式车床主轴结构简图(单位：mm)

拓 展 阅 读

为了提高零件力学性能和产品质量、节约能源、降低成本、提高经济效益，以及减少或防止环境污染等，发展了许多热处理新技术、新工艺，简述如下。

1. 真空热处理

真空热处理是指金属工件在真空中进行热处理。其主要优点为：在真空中加热，升温速度很慢，因而工件变形小；化学热处理时渗速快、渗层均匀易控；节能、无公害、工作环境好；可以净化表面，因为在高真空中，表面的氧化物、油污发生分解，工件可得光亮的表面，提高耐磨性、疲劳强度，防止工件表面氧化；脱气作用，有利于改善钢的韧性，延长工件的使用寿命。缺点是真空中加热速度缓慢、设备复杂昂贵。真空热处理包括真空退火、真空淬火、真空回火和真空化学热处理等。

真空退火主要用于活性金属、耐热金属以及不锈钢的退火处理；铜及铜合金的光亮退火；磁性材料的去应力退火等。真空淬火是指工件在真空中加热后快速冷却的淬火方法。淬火冷却可用气冷(惰性气体或高纯氮气)、油冷(真空淬火油)、水冷，应由工件材料选择。它广泛应用于各种高速钢、合金工具钢、不锈钢及时效钢、硬磁合金的固溶淬火。值得说明的是淬火冷却介质的冷却能力有待提高。真空淬火后应真空回火。

多种化学热处理(渗碳、渗金属)均可在真空中进行。例如，真空渗碳具有渗碳速度快、渗碳时间缩短近半、渗层均匀、无氧化等优点。

2. 形变热处理

形变强化和热处理强化都是金属及合金最基本的强化方法。将塑性变形和热处理有机结合起来，以提高材料力学性能的复合热处理工艺，称为形变热处理。在金属同时受到形变和相变时，奥氏体晶粒细化，位错密度提高，晶界发生畸变，碳化物弥散效果增强，从而获得单一强化方法不可能达到的综合强韧化效果。

形变热处理的方法很多，通常分为高温形变热处理和中温形变热处理。

高温形变热处理是将工件加热到稳定的奥氏体区域，进行塑性变形然后立即淬火，发生马氏体相变，之后经回火达到所需性能。与普通热处理相比，高温形变热处理不但能提高钢的强度，而且能显著提高钢的塑性和韧性，使钢的力学性能得到明显的改善。此外，由于工件表面有较大的残余应力，工件的疲劳强度显著提高。例如，热轧淬火和热锻淬火。

中温形变热处理是将工件加热到稳定的奥氏体区域后，迅速冷却到过冷奥氏体的亚稳区进行塑性变形，然后进行淬火和回火。与普通热处理相比，中温形变热处理强化效果非常明显，但工艺实现较难。

3. 热喷涂

热喷涂是指用专用设备把固体材料粉末加热熔化或软化并以高速喷射到工件表面，形成不同于基体成分的一种覆盖物(涂层)，以提高工件耐磨、耐蚀或耐高温等性能的工艺技术。其热源类型有气体燃烧火焰、气体放电电弧、爆炸以及激光等。因而有很多热喷涂方法，如粉末火焰喷涂、棒材火焰喷涂、等离子喷涂、感应加热喷涂、激光喷涂等。热喷涂的过程为：加热→加速→熔化→再加速→撞击基体→冷却凝固→形成涂层等工序。喷涂所用材料和喷涂的对象种类多、范围广。金属、合金、陶瓷等均可作为喷涂材料，而金属、陶瓷、玻璃、木材、布帛都可以被喷涂而获得所需性能(耐磨、耐蚀、耐高温、高温抗氧化、耐辐射、隔热、密封、绝缘等)。热喷涂过程简单、被喷涂物温升小，热应力引起形变小，不受工件尺寸限制，节约贵重材料，提高产品质量，延长产品使用寿命，因而广泛应用于机械、建筑、造船、车辆、化工、纺织等行业中。

除以上介绍的新型热处理工艺外，还有离子轰击热处理、可控气氛热处理、激光热处理等。

本 章 小 结

(1)热处理工艺种类虽然很多，但其过程都是由加热、保温和冷却三个阶段组成的。

(2)退火和正火通常安排在机械粗加工之前，称为预备热处理。

(3)正火是退火的一个特例。其目的与退火基本相同，由于正火的冷却速度比退火快，所以正火钢的组织晶粒细小，它的强度、硬度比退火钢高。

(4)淬火的目的是提高工件的使用性能，提高硬度、强度和耐磨性。

(5)淬火分为单介质淬火、双介质淬火、马氏体分级淬火和贝氏体等温淬火。

(6)回火是淬火之后紧接的一道工序，回火的目的是减小或消除淬火时产生的内应力；降低钢的硬度和脆性，提高韧性，获得良好的综合力学性能；稳定组织，稳定尺寸，保证工件的精度。

(7)回火分为低温回火、中温回火、高温回火。

(8)仅对工件表层进行热处理，以改变其组织和性能的工艺，称为表面热处理。常用的表面热处理工艺分为两类：一类是只改变表面组织而不改变化学成分的表面淬火；另一类是同时改变表面化学成分和组织的表面化学热处理。

(9)时效处理指合金工件经固溶处理，冷塑性变形或铸造、锻造后，在较高的温度放置或室温保持其性能、形状、尺寸随时间而变化的热处理工艺。常用的时效处理有自然时效和人工时效(包括热处理时效、敲击时效、振动时效)。

(10)介绍丝锥、板牙以及轴类零件的热处理工序。

思考与练习

6.1 什么是热处理？它在机械制造中有什么作用？

6.2 常用热处理方法有哪些？热处理工艺由哪三个阶段组成？

6.3 什么是退火？退火的目的是什么？

6.4 常用的退火分为哪几种？说明各自的加热温度及适用范围。

6.5 什么是正火？试比较正火与退火的异同点。生产中如何选用退火与正火？

6.6 什么是淬火？说明淬火的主要目的。

6.7 淬火时的加热温度应如何选择？为什么？

6.8 常用淬火方法有哪些？简述各种淬火方法的主要特点和应用范围。

6.9 什么是淬透性？什么是淬硬性？二者有什么区别？

6.10 什么是回火？钢回火目的是什么？

6.11 常用的回火方法有哪几种？各适用于什么场合？

6.12 将 45 钢和 T12 钢分别加热至 700℃、770℃、840℃淬火，试问这些淬火温度是否正确？为什么 45 钢在 770℃淬火后的硬度远低于 T12 钢的硬度？

6.13 现有低碳钢和中碳钢齿轮各一个，为使齿面具有高的硬度和耐磨性，试问各应进行何种热处理？

6.14 钳工师傅在刃磨麻花钻时为什么要经常在水槽里进行冷却？

6.15 指出下列工件的回火温度，并说明回火后的组织和力学性能。

(1) 45 钢小轴(要求综合力学性能好)；

(2) 60 钢弹簧；

(3) T12 钢锉刀。

6.16 为什么一些零件要进行表面热处理？表面热处理有哪些常用的方法？

6.17 什么是表面化学热处理？它由哪几个过程组成？

6.18 渗碳的目的是什么？它适用于什么钢？

6.19 什么是渗氮？与渗碳有哪些不同？

6.20 什么是时效处理？常用的时效处理有哪些？

6.21 某柴油机凸轮轴要求有高的硬度(>50HRC)，而心部有良好的韧性。原来用 45 钢调质处理后，再在凸轮的表面进行高频淬火，最后低温回火。现因 45 钢用完，拟改用 20 钢代替，试说明：

(1) 原 45 钢各热处理工序的作用；

(2) 改用 20 钢后，其热处理工序是否应进行改进？采用何种热处理最恰当？

6.22 现有一批用 T12 钢制造的丝锥，成品刃部硬度要求 60HRC 以上，柄部硬度要求 35~40HRC，加工工艺为：轧制→热处理(1)→机加工→热处理(2)→机加工。试问上述热处理工序的具体内容和作用。

第7章 低合金钢和合金钢

7.1 低 合 金 钢

7.1.1 合金元素对钢的影响

在冶炼时人为向碳素钢中加入一些合金元素，以改善钢的使用性能和工艺性能，这种钢就称为合金钢。合金钢具有碳素钢所不具备的优良性能和特殊性能，如在使用性能方面，合金钢在低温下有较高的韧性，在高温下有较高的硬度、强度以及抗氧化性和耐蚀性等；在工艺性能方面，合金钢的淬透性、焊接性、耐回火性和切削加工性都得到了改善。合金钢之所以具有这些优良性能，是因为各种合金元素的有意加入改变了钢的内部成分、结构、组织和性能。

一般加入钢中的合金元素有铬(Cr)、镍(Ni)、钼(Mo)、钨(W)、锰(Mn)、硅(Si)、钒(V)、钴(Co)、硼(B)、铌(Nb)、锆(Zr)、铝(Al)、铜(Cu)、钛(Ti)、氮(N)以及稀土(RE)等合金元素。

上述合金元素在钢中的作用很复杂，对钢的成分、结构、组织及性能有很大影响。

1. 形成合金铁素体

大多数合金元素(除铅外)都可以或多或少地溶入铁素体中，形成合金铁素体。原子半径很小的合金元素(如硼)与铁形成间隙固溶体，原子半径较大的合金元素(如锰)则与铁形成置换固溶体。由于合金元素的加入，铁素体晶格畸变，产生固溶强化，使溶入合金元素的铁素体的强度、硬度明显增加，塑性和韧性略有下降。有些合金元素的含量(如 $w_{Si} < 1.0\%$、$w_{Mn} < 1.5\%$)在一定范围时，铁素体的韧性没有明显下降；还有些合金元素的含量(如 $w_{Cr} < 2.0\%$、$w_{Ni} < 5\%$)在一定范围时，铁素体的韧性可明显提高，也就是说某些合金元素的加入，在不降低韧性的同时使钢得到了强化。

2. 形成合金碳化物

与碳亲和力很弱的合金元素基本上都溶于铁素体内，以合金铁素体形式存在，而与碳亲和力较强的合金元素则溶于渗碳体内形成合金碳化物(包括合金渗碳体和特殊碳化物)。

1) 合金渗碳体

合金渗碳体是合金元素溶入渗碳体中置换其中的铁原子所形成的化合物，如铬、钨、锰等合金元素形成的 $(Fe,Cr)_3C$、$(Fe,W)_3C$、$(Fe,Mn)_3C$。形成合金渗碳体的合金元素与碳的亲和力较弱，且晶格类型与渗碳体相同。合金渗碳体较渗碳体略为稳定，硬度也有所提高。稳定性高的合金渗碳体较难溶于奥氏体中，从而阻碍了加热时奥氏体晶粒的长大。

2) 特殊碳化物

某些合金元素(如钒、铌、钛等)与碳的亲和力较强，能形成特殊碳化物，其晶格类型与渗碳体完全不同。特殊碳化物比合金渗碳体具有更高的稳定性、硬度、熔点和耐磨性，稳定性越高的碳化物越难溶于奥氏体中，同时越难长大。当钢中的特殊碳化物呈弥散分布时，合金钢的强度、硬度和耐磨性明显提高，韧性不降低。

3. 细化晶粒

合金元素(几乎所有元素)的加入使钢形成合金铁素体和合金碳化物,降低扩散速度,使合金钢晶格的稳定性明显增加,抑制钢在加热时向奥氏体晶粒转变的速度,达到细化晶粒的目的,使合金钢在热处理后能获得更细的晶粒。为了得到比较均匀、细小、含有足够数量合金元素的奥氏体,合金钢的热处理需要更高的加热温度和更长的保温时间。

4. 提高钢的淬透性

合金元素(除钴外)溶入奥氏体后,可降低原子的扩散能力,增加过冷奥氏体的稳定性,推迟其向珠光体转变,使等温转变曲线右移,推迟转变时间,降低合金钢淬火的临界冷却速度,提高合金钢的淬透性。提高钢的淬透性对生产十分有利,可以在冷却能力较弱的介质中进行淬火,减少工件变形与开裂的倾向;如果以相同的临界冷却速度冷却,可增大淬硬层深度,从而提高零件的力学性能。

5. 提高钢的耐回火性

淬火钢在回火时抵抗软化(强度、硬度下降)的能力称为钢的耐回火性。合金钢在回火过程中,由于合金元素的阻碍作用,马氏体、残留奥氏体不易分解,碳化物不易析出,即使析出后也不易长大,呈较大的弥散状分布,所以合金钢在回火过程中硬度下降较慢。某些合金钢(含钼、钒等)在回火时出现二次硬化现象,其硬度比淬火后还高,这是因为残留奥氏体在回火过程中转变为马氏体,马氏体在回火时析出高弥散度的特殊碳化物。

通过以上分析可以看出,在相同的回火温度条件下,合金钢的强度和硬度比同样含碳量的碳素钢更高;在相同强度和硬度的前提下,合金钢的回火温度比相同含碳量的碳素钢更高,从而使其韧性更好,内应力更小。

高的耐回火性也就是高的热硬性。具有高的耐回火性的合金钢,能在较高的温度下保持高硬度和高耐磨性,这对实际生产有益,可以提高某些工具钢的耐用度,从而提高生产效率。

7.1.2 低合金钢的类别、性能及用途

合金元素总量小于 5%的合金钢称为低合金钢。低合金钢是相对于碳钢而言的,是在碳钢的基础上,为了改善钢的一种或几种性能,而有意向钢中加入一种或几种合金元素。加入的合金含量超过碳钢正常生产方法所具有的一般含量时,称这种钢为合金钢。合金含量低于 5%称为低合金钢;合金含量在 5%~10%称为中合金钢;合金含量大于 10%称为高合金钢。

1. 低合金钢的分类

1)按主要质量等级分类

(1)普通质量低合金钢;

(2)优质低合金钢;

(3)特殊质量低合金钢。

2)按主要性能和使用特性分类

低合金钢分为可焊接的低合金高强度结构钢、低合金耐候钢、低合金钢筋钢、铁道用低合金钢、矿用低合金钢、其他低合金钢等。

2. 低合金高强度结构钢的牌号、性能及用途

低合金高强度结构钢牌号的表示方法与碳素结构钢相同。例如,Q345,表示屈服强度最低值为 345MPa 的低合金高强度结构钢。

低合金高强度结构钢在工程结构钢中较常用，低合金高强度结构钢具有良好的低温韧性、塑性、耐蚀性、焊接性、成形工艺性等。低合金高强度结构钢的冶金生产比较简单，其轧钢工艺与碳素结构钢相似，但其屈服强度比碳素结构钢高 50%～100%，强度比低碳钢高出 10%～30%，低合金高强度结构钢代替碳素结构钢，可明显减轻机件或结构件的重量。例如，南京长江大桥的桥梁采用 Q345 比用 Q235 节省钢材 15% 以上。低合金高强度结构钢中合金元素，特别是价格高的合金元素用量少，价格低，因而在工农业生产中的应用越来越广泛，用于船舶、车辆、桥梁、压力容器等工程结构件及低温下工作的构件等。图 7.1 为低合金高强度结构钢的应用实例。

图 7.1　低合金高强度结构钢的应用(鸟巢 Q460)

常用低合金高强度结构钢的牌号、力学性能及应用见表 7.1，低合金高强度结构钢新旧牌号对照见表 7.2。

表 7.1　常用低合金高强度结构钢的牌号、力学性能及应用

牌号	R_{eL}/MPa	R_m/MPa	A/%	特性	应用
Q295	235～295	390～570	23	钢中只含有极少量的合金元素，强度不高，但有良好的塑性、冷弯性、焊接性及耐蚀性	建筑结构、工业厂房、低压锅炉、低中压化工容器、油罐、管道、起重机、拖拉机、车辆及对强度要求不高的一般工程结构
Q345	265～345	450～630	21	该类钢中含有微量合金元素，具有良好的塑性、冷弯性、焊接性及耐蚀性，但强度不太高	建筑结构、低压锅炉、低中压化学容器、管道、对强度要求不高的工程结构以及拖拉机、车辆等的机械构件
Q390	330～390	490～650	18	该类钢综合力学性能较好，冷热加工性、焊接性和耐蚀性均好，其 C、D、E 等级钢材具有良好的低温性能	桥梁、船舶、电站设备、锅炉、压力容器及其他承受较高载荷的工程和焊接构件
Q420	360～420	520～680	18		
Q460	400～460	550～720	16	该类钢强度高、焊接性能好，在正火或正火+回火状态具有较高的综合力学性能	大型桥梁、船舶、电站设备、锅炉、矿山机械、起重机械及其他大型工程和焊接构件
Q500	440～500	540～770	17	该类钢强度最高，经正火、正火+回火、淬火+回火处理后有很高的综合力学性能，其 C、D、E 等级钢材可保证良好的韧性	属于备用钢种，主要用于各种大型工程结构及要求强度高、载荷大的轻型结构

表 7.2　低合金高强度结构钢新旧牌号对照表

GB/T 1591—2008	GB/T 1591—1988
Q295	09MnV、09MnNb、09Mn2、12Mn
Q345	12MnV、14MnNb、16Mn、16MnRE、18Nb
Q390	15MnV、15MnTi、16MnNb
Q420	15MnVN、14MnVTiRE
Q460	14MnMoV、18MnMoNb

7.2　合金钢的分类和牌号

7.2.1　合金钢的分类

合金钢的分类方法有很多，现介绍最常用的几种分类方法。

1. 按主要质量等级分类

(1) 优质合金钢；

(2) 特殊质量合金钢。

2. 按用途分类

合金钢按用途可分为合金结构钢、合金工具钢和特殊性能钢三种类型。

(1) 合金结构钢。合金结构钢又可分为工程合金结构钢和机械合金结构钢。

工程合金结构钢主要用作桥梁、车辆、船舶、钢架等工程构件，其体积较大，一般需要进行焊接，通常不进行热处理。但是对于有特殊要求的结构钢，可以进行适当的正火、调质处理。一些要求可靠性高的焊接构件，焊接后在现场进行整体或局部去应力退火。这类钢材很大一部分以钢板和各类型钢进行供货，使用量较大，多采用碳素结构钢、低合金高强度结构钢和微合金钢。

机械合金结构钢主要用作各种机器零件，包括轴、齿轮、弹簧、轴承等零件。这类钢材需要经过机械加工或其他形式的加工后使用，一般要通过热处理进行强韧化以充分发挥钢材的潜力。机械合金结构钢又可以分为合金渗碳钢、合金调质钢、合金弹簧钢、滚动轴承钢等。

(2) 合金工具钢。合金工具钢主要用作各种刃具、模具、量具等。按工具钢用途不同，可分为合金刃具钢、合金模具钢和合金量具钢。

(3) 特殊性能钢。特殊性能钢是具有特殊的物理、化学性能的钢，可分为不锈钢、耐热钢、耐磨钢、无磁钢等。

3. 按合金元素总含量分类

(1) 低合金钢为合金元素总的质量分数不大于 5% 的合金钢。

(2) 中合金钢为合金元素总的质量分数为 5%～10% 的合金钢。

(3) 高合金钢为合金元素总的质量分数大于 10% 的合金钢。

7.2.2　合金钢的牌号

钢材的种类繁多，需要进行编号予以标识。目前世界各国的牌号表示方法大体上有两种：一种是用数字与元素化学符号(或代号)混合编号，中国、俄罗斯、德国等国家采用此种方法；另一种是按数字编排，美国、日本、英国等国家采用这种方法。

我国合金钢的牌号是根据国家标准 GB/T 221—2008《钢铁产品牌号表示方法》规定，采用汉语拼音、化学元素符号和阿拉伯数字相结合的原则，具体是采用含碳量、合金元素的种类及含量、质量级别来编号的。

用汉语拼音的第一个字母表示钢的种类、用途、冶炼方法及质量，如果第一个字母重复则采用第二个字母。牌号中常用的字母应用举例参见表 7.3。

表 7.3　牌号中常用的字母应用举例

字母	汉字	代表的钢种	应用举例	备注
T	碳	碳素工具钢	T12	
G	滚	滚动轴承钢	GSiMnV	我国新钢种
A	高	高级优质钢	T12A	高级优质钢
F	沸	沸腾钢	10F	
Y	易	易切削钢	Y12	平均含碳量为 0.12%

1. 机械合金结构钢和工程合金结构钢

1) 调质处理合金结构钢、表面硬化合金结构钢、合金弹簧结构钢

这类钢的牌号由三部分组成，即两位数字+化学元素符号+数字。其中，两位数字表示钢的平均含碳量的万分数；化学元素符号表示钢中含有的主要合金元素；合金元素后面的数字表示该元素平均含量的百分数。合金元素平均含量小于 1.5% 时，编号中仅标注元素一般不标注含量。此外，若合金结构钢为高级优质钢，则在牌号后加注 A；若为特级优质钢，则加注 E。例如，38CrMoAlA 表示平均含碳量约为 0.38%，铬、钼、铝的含量均小于 1.5%（或 w_C=0.38%，w_{Cr}、w_{Mo}、w_{Al} 均小于 1.5%）的高级优质合金调质钢。

2) 易切削钢

易切削钢的牌号由 Y+两位数字+化学元素符号+数字表示，其中 Y 表示"易"的首位字母，其余的和结构钢的编号表示方法一样（两位数字表示钢的平均含碳量的万分数；化学元素符号表示钢中含有的主要合金元素；合金元素后面的数字表示该元素平均含量的百分数）。例如，Y40Mn 表示 w_C=0.40%、w_{Mn}<1.5% 的易切削钢。

3) 高锰耐磨钢

高锰耐磨钢的牌号由 ZG+Mn+数字表示，其中 ZG 是"铸钢"两字汉语拼音首位字母，Mn 表示加入的合金元素为锰，数字表示平均含锰量的百分数。例如，ZGMn13-1 表示平均含锰量为 13%、序号为 1 的高锰耐磨钢。

2. 滚动轴承钢

滚动轴承钢牌号的表示方法为 G +Cr+数字。其中，G 为"滚"字的汉语拼音首位字母，其含碳量不予标注，Cr 表示铬元素，数字表示平均含铬量的千分数，其他元素含量仍按百分数表示。例如，GCr15SiMn 表示平均含铬量为 1.5%，硅、锰的含量均小于 1.5% 的滚动轴承钢。

3. 合金工具钢

合金工具钢牌号的表示方法为一位数字+化学元素符号+数字。其中，一位数字表示钢的平均含碳量的千分数，平均含碳量大于或等于 1% 则不标注，即牌号前面没有数字；合金元素及其含量的标注方法与合金结构钢相同，如 9SiCr、Cr12MoV 等。其中，9SiCr 表示平均含碳量为 0.9%、硅、铬的含量均小于 1.5% 的合金工具钢。

4．高速工具钢

高速工具钢的表示方法与合金工具钢类似，主要差别是钢中的含碳量均不在牌号前标注。例如，W18Cr4V 表示含钨量为 18%、含铬量为 4%、含钒量小于 1.5% 的高速工具钢。高速工具钢中 W、Mo 元素的含量较高。

5．不锈钢和耐热钢

不锈钢或耐热钢的牌号用两位或三位阿拉伯数字表示含碳量的最佳控制值（万分数或十万分数计），合金元素含量的表示方法与合金结构钢相同，当材料只规定含碳量上限时，若含碳量上限≤0.10%，则以其上限值的 3/4 表示；若含碳量上限＞0.1%，则以其上限值的 4/5 表示（两位数，万分数计）。不锈钢和耐热钢牌号的表示方法与合金结构钢牌号的表示方法基本相同。

例如，6Cr18Ni9 表示含碳量不大于 0.08%、平均含铬量为 18%、含镍量为 9% 的铬镍不锈钢；12Cr17 表示含碳量不大于 0.15%、含铬量为 17% 的高碳铬不锈钢。

若含碳量上限≤0.03%（超低碳），则以三位数表示含碳量最佳控制值（十万分数计）。例如，015Cr19Ni11 是一种含碳量上限为 0.02%、最佳控制值为 0.015%、平均含铬量为 19%、含镍量为 11% 的极低碳不锈钢。

当含碳量规定有上、下限时，采用平均含碳量表示（两位数，万分数计）。例如，20Cr13 的含碳量为 0.16%～0.25%，平均含碳量为 0.20%，含铬量为 13%。

当不锈钢中有意加入铌、钛、锆、氮等元素时，即使含量很低也应在牌号中标出。例如，022Cr18Ti 为一种含碳量不大于 0.03%、最佳控制值为 0.022%、含铬量为 18%、含钛量小于 1.0% 的不锈钢。

7.3 合金结构钢

在工业生产中，凡用于制造机器零件及各种工程结构用的钢都称为结构钢。其中含有合金元素的称为合金结构钢。根据其用途不同，合金结构钢可分为工程合金结构钢（一般是低合金结构钢）和机械合金结构钢，机械合金结构钢按热处理特点不同又分为合金渗碳钢、合金调质钢、合金弹簧钢和滚动轴承钢、高锰耐磨钢等。

7.3.1 合金渗碳钢

合金渗碳钢通常是指经渗碳淬火及低温回火后使用的合金钢。

（1）成分特点：合金渗碳钢中含碳量一般在 0.10%～0.25%，这是为了保证渗碳零件心部具有良好的韧性。碳素渗碳钢的淬透性低，热处理对心部的性能改变不大，加入合金元素可提高钢的淬透性，改善心部性能。常用的合金元素有铬、镍、锰和硼等。

（2）性能特点：合金渗碳钢的渗碳层具有高的硬度和耐磨性，未渗碳的心部具有足够的塑性和韧性。

（3）热处理：渗碳淬火+低温回火。

（4）用途：合金渗碳钢主要用来制造性能要求较高或截面尺寸较大，且在承受较强烈的冲击作用和磨损条件下工作的渗碳零件。例如，制作承受动载荷和重载荷的汽车变速箱齿轮与汽车后桥齿轮等。凡是要求表面具有高的硬度和耐磨性、心部具有较高的强度和足够韧性的零件，都可采用合金渗碳钢。图 7.2 为合金渗碳钢的应用。

(a)　　　　　　　　　　　　　　　　　　(b)

图 7.2　合金渗碳钢的应用

常用合金渗碳钢的牌号、热处理、力学性能及用途见表 7.4。

表 7.4　常用合金渗碳钢的牌号、热处理、力学性能及用途

类别	牌号	热处理温度/℃，冷却介质			力学性能(不小于)			用途
		渗碳	第一次淬火	回火	R_m/MPa	R_{eL}/MPa	A/%	
低淬透性	20Cr	930	880，水-油冷	200，水-空冷	835	540	10	截面不大的机床变速器齿轮、凸轮、滑阀、活塞、活塞环、万向节等
	20Mn2	930	850，水-油冷	200，水-空冷	785	590	10	代替 20Cr 制造渗碳小齿轮、小轴、汽车变速器操纵杆
	20MnV	930	880，水-油冷	200，水-空冷	785	590	10	活塞销、齿轮、锅炉、高压容器等焊接结构件
中淬透性	20CrMn	930	850，油冷	200，水-空冷	930	735	10	截面不大、中高负荷的齿轮、轴、蜗杆、调速器的套
	20CrMnTi	930	880，油冷	200，水-空冷	1080	835	10	截面直径在 30mm 以下的，承受调速、中等负荷或重负荷以及冲击、摩擦的渗碳零件，如齿轮等
	20MnTiB	930	860，油冷	200，水-油冷	1100	930	10	代替 20CrMnTi 制造汽车、拖拉机上的小截面及中等截面
	20SiMnVB	930	900，油冷	200，水-油冷	1175	980	10	可代替 20CrMnTi
高淬透性	12Cr2Ni4A	930	880，油冷	200，水-油冷	1175	1080	10	在高负荷下工作的齿轮、蜗杆、蜗轮、转向轴等
	18Cr2Ni4WA	930	950，空冷	200，水-油冷	1175	835	10	大齿轮、曲轴、花键轴、蜗轮等

7.3.2　合金调质钢

合金调质钢是经调质后使用的合金钢。

(1)成分特点：合金调质钢的含碳量一般在 0.25%～0.50%。含碳量过低，则强度、硬度不足；含碳量过高，则塑性、韧性不足。

(2)性能特点：合金调质钢的基本性能是具有良好的综合力学性能，即具有良好的强度、塑性、韧性。

(3)热处理特点：调质(淬火后进行高温回火)。

(4)用途：合金调质主要用来制造一些重要零件，如机床的主轴、汽车底盘的半轴、柴油机连杆螺栓等。零件均在多种载荷下工作，承受载荷情况复杂，因此，要求零件既具有良好的综合力学性能，又有较高的韧性。图 7.3 为合金调质钢的应用。

图 7.3　合金调质钢的应用

常用合金调质钢的牌号、热处理、力学性能及用途见表 7.5。

表 7.5　常用合金调质钢的牌号、热处理、力学性能及用途

类别	牌号	热处理温度/℃		力学性能(不小于)			用途
		淬火	回火	R_m/MPa	R_{eL}/MPa	A/%	
低淬透性	40Cr	850,油冷	520,水-油冷	980	785	9	内燃机车的多种齿轮、轴、螺栓
	40CrB	850,油冷	500,水-油冷	980	785	10	主要代替40Cr,如汽车的车轴、转向轴、花键轴及机床的主轴、齿轮等
	35SiMn	900,油冷	570,水-油冷	885	735	15	燃气轮机车的叶轮、传动齿轮、蜗杆等
中淬透性	40CrNi	820,油冷	500,水-油冷	980	785	10	制造截面较大、受载荷较重的零件,如曲轴、连杆、齿轮轴、螺栓等
	42CrMn	840,油冷	550,水-油冷	980	835	9	在高速、高负荷下工作的轴、连杆等,在高速、高负荷且无强冲击负荷下工作的齿轮轴、离合器等
	42CrMo	850,油冷	560,水-油冷	1080	930	12	主、副连杆头螺栓、齿轮等
	38CrMoAl	940,油冷	740,水-油冷	980	835	14	缸套、喷油泵滚轮体、调速器主动轴、从动齿轮
高淬透性	40CrNiMo	850,油冷	600,水-油冷	980	835	12	轴、齿轮
	40CrMnMo	850,油冷	600,水-油冷	980	785	10	轴、齿轮、连杆

7.3.3 合金弹簧钢

合金弹簧钢是指用于制造各种弹簧及其他弹性零件的合金钢。

(1)成分特点：合金弹簧钢的含碳量一般为 0.5%～0.7%，碳的质量分数过高时，塑性和韧性差，疲劳强度下降。常加入以硅、锰为主的提高淬透性的元素。

(2)性能特点：有较高的弹性极限；有较高的屈强比、较高的疲劳强度和足够的塑性与韧性；在某些工况下还要有较好的淬透性，低的脱碳敏感性和良好的导电性、耐高温、耐蚀性等性能。

(3)热处理特点：淬火+中温回火。

(4)用途：合金弹簧钢主要用于制造各种弹性元件，如在汽车、拖拉机、坦克、机车车辆上制作减振板簧和螺旋弹簧，大炮的缓冲弹簧，钟表的发条等。图 7.4 为合金弹簧钢的应用。

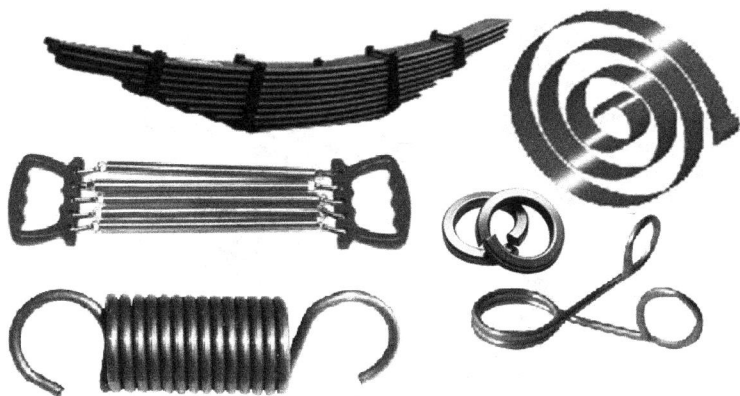

图 7.4 合金弹簧钢的应用

常用合金弹簧钢的牌号、热处理、力学性能及用途见表 7.6。

表 7.6 常用合金弹簧钢的牌号、热处理、力学性能及用途

牌号	热处理温度/℃		力学性能(不小于)				用途
	淬火	回火	R_m/MPa	R_{eL}/MPa	A/%	Z/%	
65Mn	840，油冷	540	1050	850	8	30	小于ϕ12mm 的一般机器上的弹簧，或拉成钢丝制作的小型机械弹簧
55Si2Mn	870，油冷	480	1300	1200	6	30	ϕ20～25mm 弹簧，工作温度低于 230℃
60Si2Mn	870，油冷	460	1300	250	5	25	ϕ20～30mm 弹簧，工作温度低于 230℃
50CrVA	850，油冷	520	1300	1100	10	45	ϕ30～50mm 弹簧，工作温度低于 210℃的气阀弹簧
60Si2CrVA	850，油冷	400	1900	1700	5	20	<ϕ50mm 弹簧，工作温度低于 250℃
55SiMnMoV	850，油冷	540	1400	1300	7	35	<ϕ75mm 弹簧，重型汽车、越野车大截面板簧

7.3.4 滚动轴承钢

滚动轴承钢是用来制造滚动轴承中的滚动体(滚珠、滚柱、滚针)及内、外滚道的专用钢种。

（1）成分特点：一般的轴承钢是高碳铬钢，其含碳量为 0.95%～1.15%，属过共析钢，目的是保证轴承具有高的强度、硬度和足够碳化物，以提高耐磨性。含铬量为 0.4%～1.65%，铬的主要作用是提高淬透性，使组织均匀，并增加回火稳定性。滚动轴承钢的纯度要求极高，硫、磷含量限制极严（$w_S < 0.020\%$，$w_P < 0.027\%$）。因硫、磷形成非金属夹杂物，降低接触疲劳强度，故它是一种高级优质钢（但在牌号后不加 A）。

（2）性能特点：具有高的硬度和耐磨性、高的弹性极限和接触疲劳强度、足够的韧性和一定的耐蚀性。

（3）热处理特点：滚动轴承钢的热处理包括预备热处理（球化退火）和最终热处理（淬火+低温回火）。

（4）用途：主要用来制造各种滚动轴承的内、外圈及滚动体（滚珠、滚柱、滚针），也可用来制造各种工具和耐磨零件。图 7.5 为滚动轴承钢的应用。

图 7.5　滚动轴承钢的应用

常用滚动轴承钢的牌号、热处理、力学性能及用途见表 7.7。

表 7.7　常用滚动轴承钢的牌号、热处理、力学性能及用途

牌号	热处理温度/℃		回火后硬度 (HRC)	应用
	淬火	回火		
GCr9	810～830	150～170	62～66	直径不大于 20mm 的滚动体
GCr15	825～845	150～170	62～66	壁厚小于 14mm、外径小于 250mm 的轴承套，直径为 20～50mm 的钢球，直径为 25mm 左右的滚珠等
GCr15SiMn	820～840	150～170	≥62	壁厚小于 14mm、外径小于 250mm 的套圈，直径为 20～200mm 的钢球，直径为 25mm 左右的滚珠等
GSiMnVRE	780～810	150～170	≥62	代替 GCr15、GCr15SiMn 用于军工或民用方面的轴承
GSiMnMoV	770～810	165～175	≥62	代替 GCr15、GCr15SiMn 用于军工或民用方面的轴承

7.3.5　高锰耐磨钢

高锰耐磨钢是指在强大压力和严重冲击力作用下才能发生硬化的钢，是一种常用的工程合金结构钢。

(1)成分特点：高锰耐磨钢的成分特点是高碳高锰。含碳量高，w_C=0.9%～1.5%，以提高钢的耐磨性；含锰量很高，w_{Mn}=11%～14%，锰是扩大奥氏体相区的元素，含锰量高可使钢获得全部奥氏体组织，具有很强的加工硬化能力和良好的韧性。

(2)性能特点：高锰耐磨钢在大的冲击、磨损条件下使用时具有很强的加工硬化能力，加工硬化后表面具有高的硬度和耐磨性，同时内部有良好的韧性和塑性，不容易突然折断，即使有裂纹产生，由于加工硬化的作用，裂纹扩展很缓慢。高锰耐磨钢在受力变形时能吸收大量的能量，受到弹丸射击时也不容易穿透。

(3)热处理特点：高锰耐磨钢机械加工比较困难，但铸造性能好，一般采用铸造成形。其铸态组织中存在沿奥氏体晶界析出的网状渗碳体，脆性很大，耐磨性并不高。因此，必须经过水韧处理后才能使用。水韧处理是将高锰耐磨钢件加热到 1000～1500℃，使碳化物全部溶解于奥氏体，然后进行水冷的热处理工艺。经过水韧处理后，高锰耐磨钢组织全是单一的奥氏体，硬度不是很高，通常在 180～220HBW，而塑性、韧性良好。高锰耐磨钢在工作过程中受到强烈的冲击、压力和摩擦，表层的奥氏体组织因发生塑性变形而产生强烈的加工硬化，使表面硬度提高到 50HRC 以上，因而获得很好的耐磨性，而心部仍保持原来奥氏体所具有的高塑性和高韧性。

(4)用途：高锰耐磨钢主要应用于在巨大压力和强烈冲击载荷作用下工作的零件，如起重机和拖拉机的履带、挖掘机铲斗的斗齿、碎石机的颚板、铁路道岔、防弹钢板等。图 7.6 为高锰耐磨钢的应用。

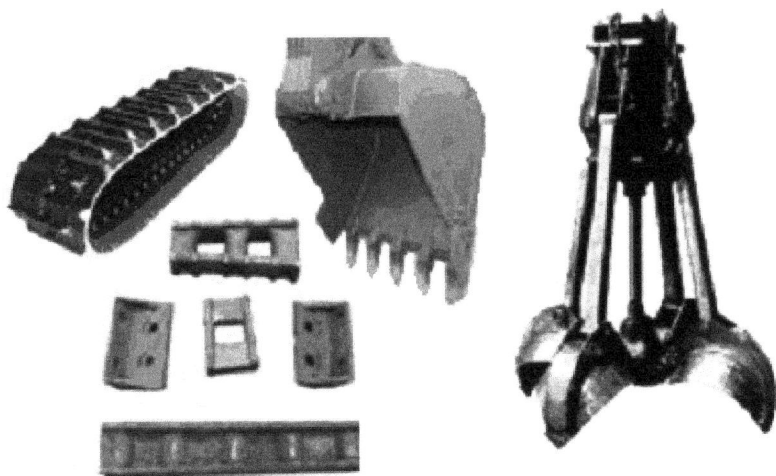

图 7.6　高锰耐磨钢的应用

常用高锰耐磨钢铸件的牌号、化学成分、热处理、力学性能及用途见表 7.8。

表 7.8 　常用高锰耐磨钢铸件的牌号、化学成分、热处理、力学性能及用途

牌号	化学成分(质量分数/%)					热处理		用途
	C	Si	Mn	S	P	淬火温度/℃	冷却介质	
ZGMn13-1	1.00~1.50	0.30~1.00	11.00~14.00	≤0.05	≤0.09	1060~1100	水	用于结构简单、要求以耐磨为主的低冲击铸件,如衬板、齿板、辊套、铲齿等
ZGMn13-2	1.00~1.40	0.30~1.00	11.00~14.00	≤0.05	≤0.09			
ZGMn13-3	0.90~1.30	0.30~0.80	11.00~14.00	≤0.05	≤0.08			用于结构复杂、要求以韧性为主的高冲击铸件,如履带板等
ZGMn13-4	0.90~1.20	0.30~0.80	11.00~14.00	≤0.05	≤0.07			

注:牌号、化学成分、热处理、力学性能摘自 GB/T 5680—2010《奥氏体锰钢铸件》。

7.4 　合金工具钢

　　工具钢可分为碳素工具钢和合金工具钢两种。碳素工具钢容易加工,价格低廉,但淬透性差,容易变形和开裂,而且容易软化,热硬性仅有 200℃。因此,尺寸大、精度高与形状复杂的刃具、模具和量具均采用合金工具钢制造。

　　大多数工具钢要求具有高硬度和高耐磨性。工具钢与结构钢最大的区别是工具钢(除热作模具钢外)含碳量较高,多属于过共析钢。在工具钢中加入的合金元素(如 Cr、W、Mo、V 等)能形成特殊碳化物(或合金渗碳体),不仅能提高淬透性,还可提高钢的硬度与耐磨性。工具钢对于杂质元素的控制也非常严格。

　　合金工具钢按用途可分为合金刃具钢、合金模具钢和合金量具钢。

7.4.1 　合金刃具钢

　　合金刃具钢主要用于制造金属切削刃具(如车刀、铣刀、刨刀、拉刀、钻头、丝锥、板牙、锯条、木工工具等,如图 7.7 所示)及测量工具(如卡尺、千分尺、量规、样板等)。

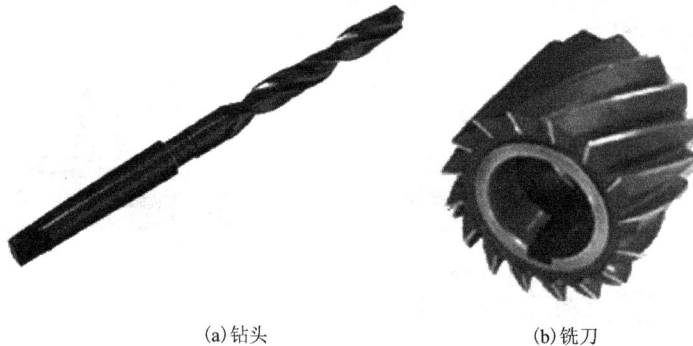

(a)钻头　　　　　　　　　(b)铣刀

图 7.7 　合金刃具钢

　　合金刃具钢在切削加工中受力复杂,摩擦磨损严重,切削温度高,因此要求合金刃具钢具有高的强度、硬度、耐磨性、热硬性和足够的韧性。合金刃具钢一般分为低合金刃具钢和高速钢两种。

1. 低合金刃具钢

碳素工具钢存在热稳定性差、淬透性低、耐磨性不高等弱点,对于形状复杂、性能要求严格的工具,选用碳素工具钢是不合适的。为了弥补碳素工具钢的不足,低合金刃具钢是在碳素工具钢的基础上加入少量合金元素,如 Cr、Mn、Si、W、Mo、V 等,主要用于制作切削用量不大、形状复杂的刃具,一般工作温度低于 300℃,如丝锥、板牙等手动工具;也可用作冷作模具和量具。合金元素的加入可以提高钢的淬透性,同时可以提高钢的强度、硬度和耐磨性,并防止加热时过热,保持晶粒细小。

(1)成分特点:低合金刃具钢中碳的质量分数为 0.80%~1.50%,是在碳素工具钢的基础上加入少量合金元素,如 Cr、Mn、Si、W、Mo、V 等,以保证淬火后具有高的硬度,并可形成一定数量的合金碳化物,以提高耐磨性。

(2)性能特点:低合金刃具钢在切削加工中受力复杂,摩擦磨损严重,切削温度高,因此要求具有高的强度、硬度、耐磨性、热硬性和足够的韧性。

(3)热处理特点:低合金刃具钢的热处理与碳素工具钢基本相同,预备热处理是球化退火(得到粒状珠光体),最终热处理是淬火+低温回火。

(4)用途:低合金刃具钢主要用于制作切削用量不大、形状复杂的刃具,一般工作温度低于 300℃,如丝锥、板牙等手动工具;也可用作冷作模具和量具。图 7.8 为低合金刃具钢的应用。

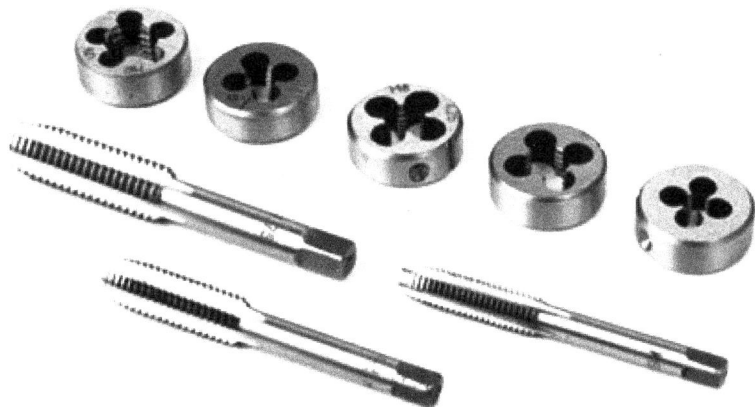

图 7.8 低合金刃具钢的应用

常用低合金刃具钢的牌号、热处理及应用范围见表 7.9。

表 7.9 常用低合金刃具钢的牌号、热处理及应用范围

牌号	淬火			回火		应用范围
	温度/℃	冷却介质	硬度(HRC)	温度/℃	硬度(HRC)	
9SiCr	865~875	油	63~64	160~180	61~63	适用于耐磨性高、切削不剧烈且变形小的刃具,如板牙、丝锥、钻头等,还可用作冷冲模及冷轧辊
9Mn2V	780~820	油	≥62	130~160	60~62	适用于各种变形小、耐磨性高的精密丝杠、磨床主轴及丝锥、铰刀和板牙等
CrWM	820~840	油	63~65	170~200	60~62	用作变形小、长而形状复杂的切削工具,如拉刀、长丝锥、专用铣刀等

2. 高速钢

高速钢是一种具有高硬度、高耐磨性和高耐热性的工具钢，又称高速工具钢或锋钢，俗称白钢。它比低合金刃具钢的切削速度快，因此称为高速钢。高速钢在切削时，刀具刃部的温度可达600℃，此时碳素工具钢和低合金刃具钢已经不能进行切削。例如，9SiCr钢工作温度高于300℃时硬度迅速下降，而高速钢在650℃时的硬度还高于50HRC。高速钢刀具的切削速度比碳素工具钢和低合金刃具钢快1～3倍，耐用性增加了7～14倍，因此得到广泛采用。

(1)成分特点：高速钢中碳的质量分数一般为0.7%～1.6%，高的含碳量一方面保证钢淬得马氏体后有高的硬度，另一方面与强碳化物形成元素生成极硬的合金碳化物，可提高钢的耐磨性和热硬性。但是，含碳量不能过高，否则容易产生碳化物偏析，降低钢的塑性和韧性。加入的合金元素有W、Mo、Cr、V、Co等，其总的质量分数大于10%。

(2)性能特点：高速钢具有高硬度、高耐磨性、高热硬性、足够强度。

(3)热处理特点：高速钢淬火之后进行多次的回火。W18Cr4V钢的淬火和回火工艺曲线如图7.9所示。

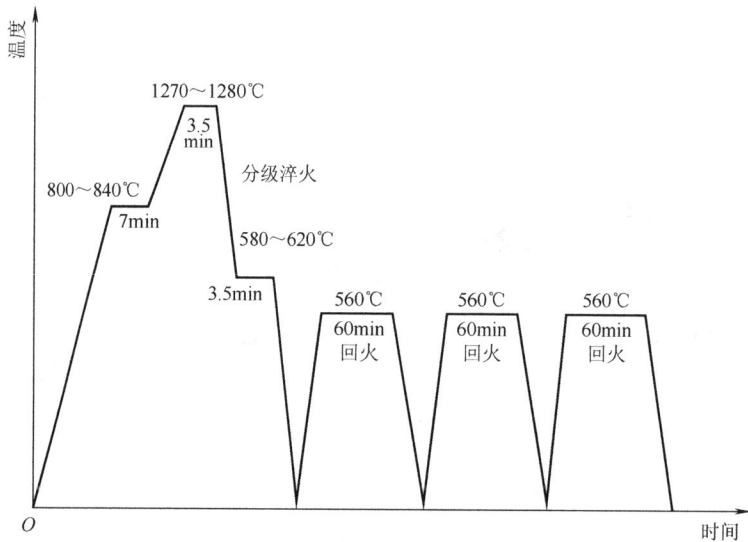

图7.9　W18Cr4V钢的淬火和回火工艺曲线

(4)用途：高速钢常用于制作切削速度较高、形状复杂、载荷较大的刀具，如车刀、铣刀、钻头、拉刀等，如图7.10所示。此外，高速钢还可用作冷挤压模及某些耐磨零件。

图7.10　高速钢的应用

常用高速钢的牌号、含碳量、热处理及用途见表 7.10。

表 7.10　常用高速钢的牌号、含碳量、热处理及用途

牌号	含碳量/%	热处理/℃		硬度（HRC）		用途
		淬火	回火	回火后的硬度	热硬度	
W18Cr4V	0.70～0.80	1260～1300	550～570	63～66	61～62	制造一般高速切削用车刀、钻头、铣刀等
W6Mo5Cr4V2	0.80～0.90	1220～1240	550～570	63～66	60～61	制造要求耐磨性和韧性配合很好的高速刀具，如丝锥、钻头等
W6Mo5Cr4V3	1.10～1.25	1220～1240	550～570	>65	64	制造要求耐磨性和热硬性较高、耐磨性和韧性配合很好、形状复杂的刀具
W12Cr4V4Mo	1.25～1.40	1240～1270	550～570	>65	64～64.5	制造形状简单的刀具或仅需很少磨削的刀具
W6Mo5Cr4V2Al	1.10～1.20	1220～1250	550～570	67～69	65	加工一般材料时，使用寿命为 W18Cr4V 的 2 倍，切削难加工材料时，使用寿命接近钴高速钢

7.4.2　合金模具钢

主要用来制造各种模具的合金钢称为合金模具钢。根据工件条件的不同，合金模具钢又分为使金属在冷态下成形的冷作模具钢和在热态下成形的热作模具钢。

合金模具钢主要用于锻造、冲压、切型、压铸等。由于各种模具用途不同，工作条件复杂，因此合金模具钢按其所制造模具的工作条件不同，应具有高的硬度、强度、耐磨性，足够的韧性，以及高的淬透性、淬硬性和其他工艺性能。

1. 冷作模具钢

冷作模具钢用于制造在常温状态下使工件成形的模具，如冷挤压模、冷镦模、拉丝模、落料模等。这类模具在过程中主要受挤压、弯曲、冲击及摩擦作用，工作时承受很大的压力，如弯曲应力、冲击等载荷，其主要损坏形式是磨损、断裂、崩刃和变形。因此冷作模具钢要求有高的硬度和耐磨性，足够的强度和韧性。大型冷作模具钢还应具有淬透性好、热处理变形小等特点。

冷作模具钢的 w_C=1.0%～2.0%，保证淬火时获得高碳马氏体以及足够的特殊碳化物，使模具具有高的硬度和耐磨性。常加入合金元素铬、钼、钨、钒等，以提高耐磨性、淬透性和耐回火性。

小型冷作模具可用碳素工具钢和低合金刃具钢来制造，如 10A 钢、T12 钢、9SiCr 钢、CrWMn 钢、9Mn2V 钢等。

大型冷作模具一般采用 Cr12 钢、Cr12MoV 钢等高碳高铬钢制造。

冷作模具钢的最终热处理一般为淬火+低温回火。回火后的组织为回火马氏体、碳化物和残余奥氏体，硬度为 60～64HRC。常见的冷作模具如图 7.11 所示。

图 7.11　冷冲压模

2. 热作模具钢

热作模具钢用于制造在热态下使工件成形的模具，如热锻模、压铸模等。热作模具工作时受到强烈的摩擦、较大的冲击力或压力，模腔受炽热金属和冷却介质交替反复作用，易产生热疲劳裂纹。因此，要求模具在高温下应有较高的强度、韧性，足够的硬度和耐磨性，良好的导热性和耐热疲劳强度。对尺寸较大的模具还要求好的淬透性、热处理变形小等性能。

热作模具钢的 w_C=0.3%～0.6%，以保证足够的强度、硬度以及较高的韧性和耐热疲劳强度。加入铬、镍、锰等合金元素可提高淬透性和强度；加入铬、钨、硅等合金元素可提高耐热疲劳强度；加入钼可提高耐回火性和防止第二类回火脆性。

热作模具钢的最终热处理一般为淬火+高温回火(中温回火)，回火后获得均匀的回火索氏体或回火托氏体，硬度在 40HRC 左右，并具有较高韧性和强度。

5CrNiMo 钢和 5CrNnMo 钢是最常用的热作模具钢，它们具有较高的强度、耐磨性和切性，优良的淬透性和良好的耐热疲劳强度。采用 3Cr2W8V 钢制造热挤压模和压铸模。常用的热作模具如图 7.12 所示。

图 7.12　热锻模、压铸模、热挤压模

7.4.3　合金量具钢

量具是用来度量工件尺寸的工具(图 7.13)，如卡尺、块规、塞规及千分尺等。

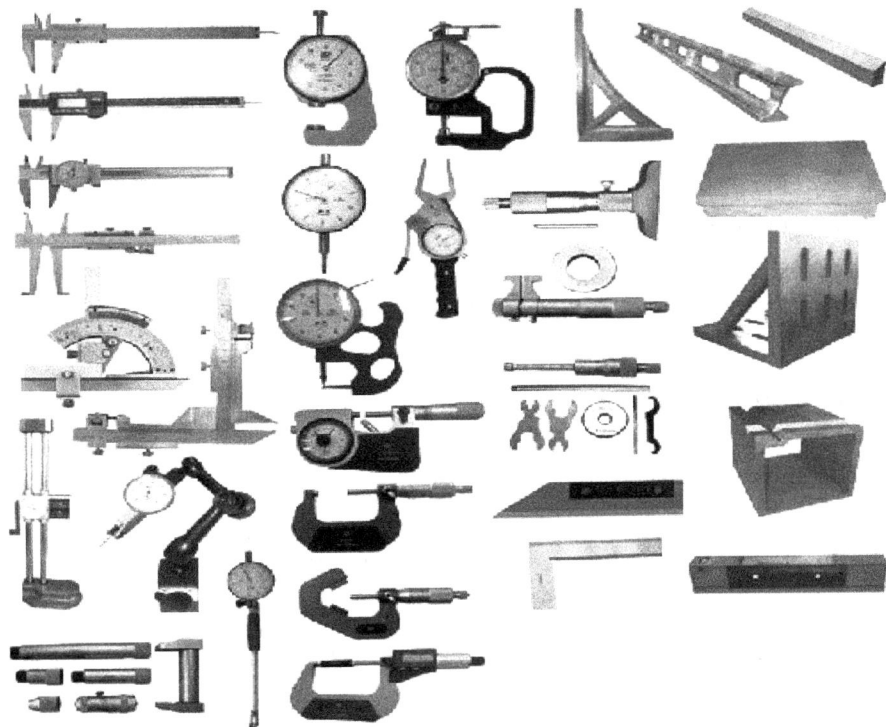

图 7.13　各种量具

量具在使用过程中经常受到工件的摩擦与碰撞，而量具本身又必须具备非常高的尺寸精确性和恒定性，因此，要求量具具有高硬度和高耐磨性、高的尺寸稳定性、足够的韧性、在特殊环境下具有抗蚀性。

量具没有专门的钢种。

(1)形状简单、精度要求不高的量具，可选用碳素工具钢，如 T10A 钢、T12A 钢。这类钢只能制造尺寸小、形状简单、精度要求较低的卡尺、样板、量规等量具。

(2)精度要求较高的量具(如块规、塞规等)，通常选用高碳低合金工具钢，如 Cr12 钢、CrMn 钢、CrWMn 钢，以及滚动轴承钢 GCr15 钢等。

(3)对于形状简单、精度不高、使用中易受冲击的量具，如简单平样板、卡规、直尺及大型量具，可采用渗碳钢 15 钢、20 钢、15Cr 钢、20Cr 钢等。但量具须经渗碳、淬火及低温回火后使用，经上述处理后，表面具有高硬度、高耐磨性，心部保持足够的韧性；也可采用中碳钢 50 钢、55 钢、60 钢、65 钢制造量具，但须经调质处理，再经高频淬火回火后使用，也可保证量具的精度。

(4)若量具要求特别高的耐磨性和尺寸稳定性，可选渗氮钢 38CrMoAl 钢或冷作模具钢 Cr12MoV 钢。38CrMoAl 钢经调质处理后精加工成形，然后氯化处理，最后需进行研磨。Cr12MoV 钢经调质或淬火、回火后再进行表面渗氮或碳氮共渗。这两种钢经上过热处理后，可使量具具有高耐磨性、高抗蚀性和高尺寸稳定性。

7.5　特殊性能钢

具有特殊物理性能和化学性能的钢称为特殊性能钢。特殊性能钢的种类很多，机械制造行业主要使用的特殊性能钢有不锈钢、耐热钢等。

7.5.1　不锈钢

广义的不锈钢包括不锈钢和耐酸钢，能抵抗大气腐蚀的钢称为不锈钢；在一些化学介质中（如酸类等）能抵抗腐蚀的钢称为耐酸钢。通常情况下把不锈钢和耐酸钢统称为不锈钢，即不锈钢是指在空气、水、盐水溶液、酸及其他腐蚀性介质中具有高度化学稳定性的钢。但是不锈钢不一定耐酸，而耐酸钢一般都具有良好的耐腐蚀能力。

腐蚀是金属制件经常发生的一种现象。金属表面受到外部介质作用而逐渐破坏的现象称为腐蚀或锈蚀。一般来说金属腐蚀是有害的，钢的生锈，高温下的氧化，石油管道、化工设备和船舶壳体的损坏都与腐蚀有关。因此，采取必要的措施来提高金属的耐蚀性或耐酸性具有重要意义。

不锈钢常按组织状态分为马氏体钢、铁素体钢、奥氏体钢、奥氏体-铁素体(双相)不锈钢及沉淀硬化不锈钢等。另外，不锈钢可按成分分为铬不锈钢、铬镍不锈钢和铬锰氮不锈钢等。

目前常用的是按照不锈钢的组织结构特点或不锈钢的化学成分特点来分类。不锈钢的应用如图 7.14 所示。

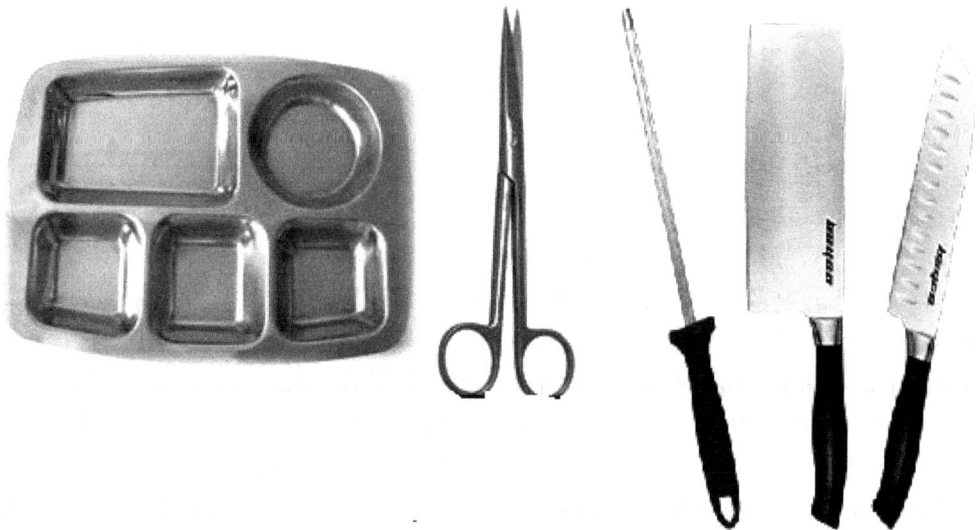

图 7.14　不锈钢的应用

常用不锈钢的牌号、化学成分、热处理、力学性能及用途见表 7.11。

表 7.11　常用不锈钢的牌号、化学成分、热处理、力学性能及用途

类别	牌号	化学成分(质量分数/%)		热处理温度/℃		用途
		C	Cr	淬火	回火	
奥氏体型	12Cr18Ni9	≤0.15	17~19	固溶处理,1010~1150,快冷		切削性能好,最适用于自动车床加工,制作螺栓、螺母等
	06Cr19Ni10	≤0.08	18~20	固溶处理,1010~1150,快冷		作为不锈耐热钢使用最广泛,用于食品设备、化工设备
	06Cr19Ni10N	≤0.08	18~20	固溶处理,1010~1150,快冷		在 06Cr19Ni10 中加入 N,强度提高,塑性不降低
	06Cr18Ni11Ti	≤0.08	17~19	固溶处理,920~1150,快冷		焊芯、抗磁仪表、医疗器械、耐酸容器和输送管道
马氏体型	12Cr13	≤0.15	11.5~13.5	950~1000,油冷	700~750,快冷	汽轮机叶片、水压机阀、螺栓、螺母等耐弱腐蚀介质并承受冲击的零件
	20Cr13	0.16~0.25	12.0~14.0	920~980,油冷	600~750,快冷	汽轮机叶片、水压机阀、螺栓、螺母等耐弱腐蚀介质并承受冲击的零件
	30Cr13	0.26~0.35	12.0~14.0	920~980,油冷	600~750,快冷	耐磨零件、如热油泵轴、阀门、刀具
	68Cr17	0.60~0.75	16.0~18.0	1010~1070,油冷	100~180,快冷	轴承、刃具、阀门、量具等
铁素体型	06Cr13Al	≤0.08	11.5~14.5	780~830,空冷或缓冷		汽轮机材料、复合钢材,淬火用部件
	10Cr17	≤0.12	16.0~18.0	780~850,空冷		通用钢种、建筑类装饰用、家庭用具、家用电器等
	008Cr30Mo2	≤0.01	28.5~32.0	900~1050,快冷		耐蚀性很好,用于制造苛性碱及有机酸设备

7.5.2　耐热钢

耐热钢是指在高温下具有较高的强度和良好的化学稳定性的合金钢。它包括抗氧化钢(或称高温不起皮钢)和热强钢两类。抗氧化钢一般要求较好的化学稳定性,但承受的载荷较低。热强钢则要求较高的高温强度和相应的抗氧化性。耐热钢常用于制造锅炉、汽轮机、动力机械、工业炉和航空、石油化工等工业部门中在高温下工作的零部件。这些部件除要求高温强度和高温抗氧化性外,根据用途不同还要求有足够的韧性、良好的可加工性和焊接性,以及一定的组织稳定性。

金属的高温抗氧化性是保证零件在高温下能持续工作的重要条件,高温抗氧化能力主要由材料成分来决定。钢中加入足够的 Cr、Si、Al 等元素,使钢在高温下与氧气接触,在钢的表面能生成致密的高熔点、高硬度的氧化膜,严密地覆盖在钢的表面,可以防护钢在高温下

气体的继续腐蚀。通常加入能提升钢的再结晶温度的合金元素来提高钢的高温强度，如 Ti、W、V、Nb、Cr、Mo 等元素。

典型的抗氧化钢有 42Cr9Si2 钢、06Cr13Al 钢等，典型的热强钢有 45Cr14Ni14W2Mo 钢等。

拓 展 阅 读

钢铁材料的现场鉴别

钢铁材料品种繁多，性能各异，因此对钢铁材料的鉴别是非常必要的。常用的鉴别方法有火花鉴别法、色标鉴别法、断口宏观鉴别法和音色鉴别法等。

1. 火花鉴别法

根据钢铁材料在磨削过程中所出现的火花爆裂形状、流线、色泽、发火点等特点区别钢铁材料化学成分差异的方法，称为火花鉴别法。火花鉴别专用电动砂轮机的功率为 0.20～0.75kW，转速高于 3000r/min。所用砂轮粒度为 40～60 目，中等硬度，直径为 150～200mm。磨削时施加压力以 20～60N 为宜，轻压看合金元素，重压看含碳量。

火花鉴别的要点是：详细观察火花的火花束粗细、长短、花次层叠程度和色泽变化情况；注意观察组成火花束的流线形态，火花束根部、中部及尾部的特殊情况和它的运动规律；同时观察火花爆裂形态、花粉尺寸和数量。

1)火花组成

(1)火花束。火花束是指被测材料在砂轮上磨削时产生的全部火花，常由根部、中部、尾部组成，见图 7.15。

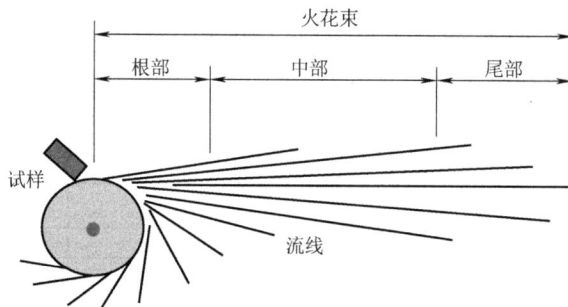

图 7.15　火花束

(2)流线。高温磨削颗粒形成的线条状轨迹称为流线，见图 7.16。

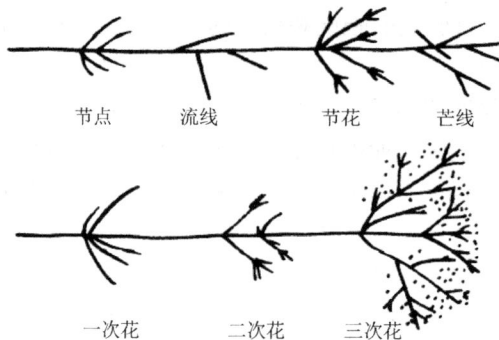

图 7.16　流线的构成

(3)节点。节点就是流线上火花爆裂的原点，呈明亮点，如图 7.17 所示。

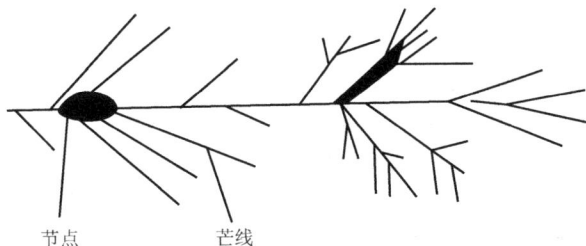

节点　　　　　芒线

图 7.17　节点的形成

(4)芒线。火花在爆裂时，产生的若干短线条称为芒线，随着含碳量的增加，在芒线上继续爆裂产生二次花、三次花不等。

(5)节花。芒线所组成的火花称为节花。

(6)爆花。爆花就是节点处爆裂的火花。钢的化学成分不同，尾花的形状也不同。通常，尾花可分为苞尾花、狐尾尾花、枪尖尾花、菊花状尾花、羽状尾花等，如图 7.18 所示。

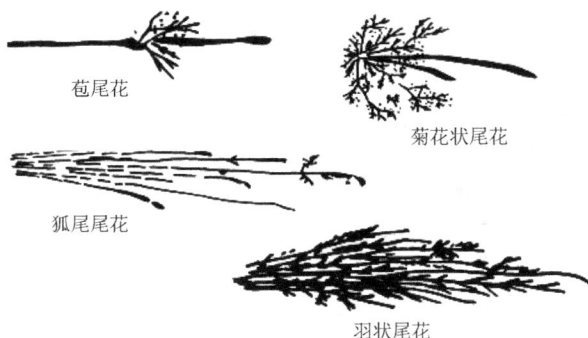

苞尾花

菊花状尾花

狐尾尾花

羽状尾花

图 7.18　各种尾花形状

2)常用钢铁材料的火花特征

碳是钢铁材料火花的基本元素，也是火花鉴别法测定的主要成分。由于含碳量的不同，其火花形状不同。

(1)碳素钢火花的特征。

① 通常低碳钢火花束较长，流线少，芒线稍粗，多为一次花，发光一般，带暗红色，无花粉。图 7.19 为 20 钢的火花特征。

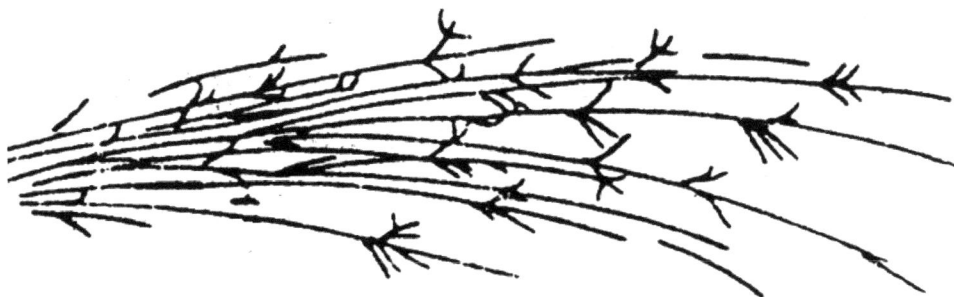

图 7.19　20 钢的火花特征

② 中碳钢火花束稍短，流线较细长而多，爆花分叉较多，开始出现二次花、三次花，花粉较多，发光较强，呈橙色。图 7.20 为 45 钢的火花特征。

图 7.20　45 钢的火花特征

③ 高碳钢火花束较短而粗，流线多而细，碎花、花粉多，分叉多且多为三次花，发光较亮。图 7.21 为 T10 钢的火花特征。

图 7.21　T10 钢的火花特征

(2)铸铁的火花特征。铸铁的火花束很粗，流线较多，一般为二次花，花粉多，爆花多，尾部渐粗下垂成弧形，颜色多为橙红。火花试验时，手感较软。图 7.22 为 HT200 的火花特征。

图 7.22　HT200 的火花特征

(3)合金钢的火花特征。合金钢的火花特征与其含有的合金元素有关。一般情况下，镍、硅、钼、钨等元素抑制火花爆裂，而锰、钒、铬等元素却可助长火花爆裂，所以对合金钢的鉴别难以掌握。一般铬钢的火花束白亮，流线稍粗而长，爆裂多为一次花，花型较大，呈大星形，分叉多而细，附有碎花粉，爆裂的火花心较明亮。镍铬不锈钢的火花束细，发光较暗，爆裂为一次花，五六根分叉，呈星形，尖端微有爆裂。高速钢火花束细长，流线数量少，无火花爆裂，色泽呈暗红色，根部和中部为断续流线，尾花呈弧状。图 7.23 为高速钢的火花特征。

图 7.23　高速钢的火花特征

2. 色标鉴别法

生产中为了表明金属材料的牌号、规格等，常做一定的标记，如涂色、打印、挂牌等。金属材料的涂色标记是表示钢号、钢种的，涂在材料一端的端面或端部。具体的涂色方法在有关标准中做了详细规定，现举例如下：碳素结构钢 Q235 钢为红色；优质碳素结构钢 20 钢为棕色加绿色；45 钢为白色加棕色；合金结构钢 20CrMnTi 钢为黄色加黑色；40CrMo 钢为绿色加紫色；铬轴承钢 GCr15 钢为蓝色；高速钢 W18Cr4V 钢为棕色加蓝色；不锈钢 1Cr18Ni9Ti 钢为绿色加蓝色；热作模具钢 5CrMnMo 钢为紫色加白色。

3. 断口宏观鉴别法

材料或零部件因受某些物理、化学或机械作用的影响而导致破断，此时所形成的自然表面称为断口。生产现场根据断口的自然形态判定材料的韧脆性，从而推断材料含碳量。若断口呈纤维状，无金属光泽，颜色发暗，无结晶颗粒，且断口边缘有明显的塑性变形特征，则表明钢材具有良好的塑性和韧性，含碳量较低。若断口齐平，呈银灰色，且具有明显的金属光泽和结晶颗粒，则表明钢材属脆性材料。过共析钢或合金钢经淬火后，断口呈亮灰色，具有绸缎光泽，类似于细瓷器断口特征。常用钢铁材料的断口特点大致如下：低碳钢不易敲断，断口边缘有明显的塑性变形特征，有微量颗粒；中碳钢断口边缘的塑性变形特征没有低碳钢明显，断口颗粒较细、较多；高碳钢断口边缘无明显塑性变形特征，断口颗粒很细密；铸铁极易敲断，断口无塑性变形，晶粒粗大，呈暗灰色。

4. 音色鉴别法

根据钢铁敲击时发出的声音不同，以区别钢和铸铁的方法称为音色鉴别法。敲击时，发出比较清脆声音的材料为钢，发出较低沉声音的材料为铸铁。为了准确地鉴别材料，在以上几种现场鉴别的基础上，一般还可采用化学分析、金相检验以及硬度试验等手段进行鉴别。

本 章 小 结

(1) 合金钢是指在碳钢的基础上有目的地加入合金元素的钢。合金元素的主要作用如下：强化铁素体，形成合金碳化物，细化晶粒，提高钢的淬透性，提高钢的回火稳定性。由于合金元素的作用，合金钢具有良好的使用性能。

(2)合金结构钢牌号用两位数字(含碳量)+元素符号(或汉字)+数字表示,合金工具钢与合金结构钢牌号的区别仅在于含碳量的表示方法不同,合金工具钢一般都属于高级优质钢。较为特殊的是滚动轴承钢的含铬量和高速钢的含碳量,应引起注意。

(3)合金结构钢按用途及热处理特点不同,可分为低合金结构钢、合金渗碳钢、合金调质钢、合金弹簧钢及滚动轴承钢等。

(4)低合金结构钢广泛用于制造工程钢结构件;合金渗碳钢主要用于制造既有优良的耐磨性和耐疲劳性,又能承受冲击载荷的零件;合金调质钢主要用于制造一些受力复杂的、要求具有良好综合力学性能的重要零件;合金弹簧钢主要用于制造弹簧和弹性零件;滚动轴承钢主要用于制造各种滚动轴承的内、外圈及滚动体(滚珠、滚柱、滚针),也可用于制造各种工具和耐磨零件。

(5)合金工具钢按用途可分为合金刃具钢、合金模具钢和合金量具钢。合金刃具钢分为低合金刃具钢和高速钢两种;根据工作条件不同,合金模具钢又可分为冷作模具钢和热作模具钢;制造量具没有专用钢种,碳素工具钢、合金工具钢和滚动轴承钢均可用于制造量具。

(6)低合金刃具钢广泛用于制造低速切削刀具,如丝锥、板牙、铰刀等。常用的钢种是9SiCr钢和CrWMn钢。高速钢具有高热硬性、高耐磨性和足够的强度,故常用于制造切削速度较高的刀具(如车刀、铣刀、钻头等)和形状复杂、载荷较大的成形刀具(如齿轮铣刀、拉刀等)。常用的钢种是W18Cr4V钢和W6Mo5Cr4V2钢。冷作模具钢用于制造使金属在冷状态下变形的模具,如冲压模、拉丝模、弯曲模、拉伸模等。常用的钢种是9SiCr钢(小型模具)和Cr12MOV钢(大型模具)。热作模具钢用于制造使金属在高温下成形的模具,如热锻模、压铸模、热挤压模等。常用的钢种是5CrMnMo钢(热锻模)和3Cr2W8V钢(热挤压模和压铸模)。

(7)具有特殊物理性能和化学性能的钢称为特殊性能钢。特殊性能钢的种类很多,机械制造行业主要使用的特殊性能钢有不锈钢、耐热钢等。

思考与练习

7.1 合金元素在钢中有哪些主要作用?这对钢的性能会产生怎样的影响?

7.2 低合金高强度结构钢的牌号是怎样表示的?其符号和数字的含义是什么?

7.3 试举例说明低合金高强度结构钢的性能和用途。

7.4 合金钢常用的分类方法有哪些?

7.5 合金渗碳钢、合金调质钢、合金弹簧钢的牌号如何表示?

7.6 高锰耐磨钢、滚动轴承钢的牌号如何表示?

7.7 低合金刃具钢、高速钢的牌号如何表示?

7.8 不锈钢、耐热钢的牌号如何表示?

7.9 试说出下列牌号各代表何种钢及牌号中字母符号和数字的含义,主要用途各举一例。

Q235A、Q345B、40Cr、20CrMnTi、60Si2Mn、GCr15、ZGMn13-1。

7.10 什么是合金渗碳钢?为什么合金渗碳钢的含碳量为0.10%~0.25%?零件渗碳后能否直接使用?

7.11 什么是合金调质钢?为什么合金调质钢的含碳量为0.25%~0.50%?主要用在哪些零件上?

7.12 什么是合金弹簧钢？为什么合金弹簧钢的含碳量为 0.50%～0.70%？它通过怎样的热处理来达到使用性能要求？

7.13 汽车变速箱齿轮采用 20CrMnTi 钢经渗碳、淬火和低温回火后使用，能否改为用 40 钢或 40Cr 钢经表面淬火和低温回火后使用？为什么？

7.14 为什么滚动轴承钢要有高的含碳量？滚动轴承钢要求有哪些性能？

7.15 合金刃具钢制造的刃具为什么比用碳素工具钢制造的刃具使用寿命长？

7.16 分析比较 T9 钢与 9SiCr 钢，请回答：

(1) 为什么 9SiCr 钢淬火加热温度比 T9 钢高？

(2) 直径为 30mm 的 9SiCr 钢棒在油中冷却可淬透，而同直径的 T9 钢棒在油中冷却不能淬透。为什么？

(3) 9SiCr 钢在工厂广泛用于制造板牙、丝锥等刃具，能否用来制造高速切削刃具？

7.17 某机床变速器齿轮选用 40Cr 钢制造，而某汽车变速箱齿轮选用 20CrMnTi 钢制造，请回答：

(1) 为什么两种齿轮选材不同？

(2) 上述两种齿轮各应采用怎样的最终热处理工艺？

(3) 两种齿轮经过热处理后，在力学性能和经济性方面有何区别？

7.18 为什么钳工手用锯条烧红后在空气中会变软？而机用锯条烧红(约 900℃)空冷仍有高的硬度？

7.19 高锰耐磨钢为什么具有优良的耐磨性和良好的韧性？它采用了怎样的热处理？用在何种场合？

7.20 试说出下列牌号各代表何种钢及牌号中字母符号和数字的含义，主要用途各举一例。

9SiCr、W6Mo5Cr4V2、CrWMn、Cr12MoV、5CrNiMo、06Cr19Ni10、10Cr17

7.21 试列表分析比较合金渗碳钢、合金调质钢、合金弹簧钢、滚动轴承钢、合金刃具钢、高速钢、冷作模具钢、热作模具钢的化学成分、热处理特点、主要力学性能、常用牌号及用途。

7.22 什么是不锈钢？什么是耐热钢？不锈钢和耐热钢常用的牌号有哪些？

第8章 铸 铁

铸铁是碳的质量分数大于 2.11%，在凝固过程中经历共晶转变，用于生产铸件的铁基合金的总称。工业上常用的铸铁中碳的质量分数一般为 2.5%～4.0%。铸铁与钢相比，具有优良的铸造性能、耐磨性、减摩性、减振性、切削加工性能等，生产成本低廉，在生产中广泛应用于机械制造、冶金、石油化工、交通、建筑和国防工业。

虽然铸铁有很多优点，但因铸铁的强度、塑性和韧性较差，不能通过锻造、轧制、拉丝等方法加工成形。

8.1 铸铁的基础知识

8.1.1 铸铁的分类

铸铁中的碳以渗碳体(Fe_3C)或石墨(G)的形式存在。按铸铁中碳的存在形式不同，可将铸铁分为以下几种。

1) 白口铸铁

白口铸铁中碳几乎全部以渗碳体的形式存在，其断口呈银白色，所以称为白口铸铁。白口铸铁既硬又脆，很难进行切削加工，所以很少直接用它来制作机械零件，主要用于炼钢原料(又称为炼钢生铁)。

2) 灰口铸铁

灰口铸铁中碳以石墨的形式存在，其断口呈暗灰色。根据石墨的形态不同，灰口铸铁又分为以下几种。

(1) 灰铸铁，石墨呈片状，这类铸铁具有一定的强度，耐磨、耐压和减振性能良好。

(2) 球墨铸铁，石墨大部分或全部呈球状，浇注前经球化处理获得。这类铸铁强度高、韧性好、力学性能比普通灰铸铁高得多，在生产中的应用日益广泛，简称球铁。

(3) 可锻铸铁，石墨呈团絮状。可锻铸铁强度较高，具有韧性和一定的塑性。应该注意，这类铸铁虽称为可锻铸铁，但实际上是不能锻造的。

(4) 蠕墨铸铁，石墨大部分呈蠕虫状，浇注前经蠕化处理获得，简称蠕铁。这类铸铁的抗拉强度、耐热冲击性、耐压性均比普通灰铸铁有明显改善，其力学性能介于灰铸铁和球墨铸铁之间。

3) 麻口铸铁

麻口铸铁中碳部分以渗碳体的形式存在，部分以石墨的形式存在，断口呈灰白相间的麻点状。麻口铸铁具有较大的硬脆性，工业上很少应用。

8.1.2 铸铁中石墨的产生及其影响因素

1. 铸铁中石墨的产生

石墨是碳的一种结晶形式，其强度、硬度、塑性、韧性极低，对铸铁的性能影响很大。

铸铁中各种形态的石墨可以从液态或奥氏体中析出，也可以先结晶出渗碳体，再由渗碳体在一定条件下分解得到（$Fe_3C \longrightarrow 3Fe+C$）。铸铁中的碳以石墨形态析出的过程称为石墨化。

2. 影响石墨化的因素

影响铸铁石墨化的主要因素是铸铁的成分和冷却速度。

1) 成分

铸铁中的各种合金元素，按其对石墨化的作用可以分为两大类：一类是促进石墨化进程的元素，按其作用由强至弱的顺序为碳、硅、铝、钛、镍、磷、钴、锆，其中以碳和硅的作用最为显著，属于强烈促进石墨化的元素，故铸铁中碳、硅的含量越高，析出的石墨量就越多，但是石墨片的尺寸也会越粗大，控制碳、硅的含量能使石墨细化；另一类是阻碍石墨化进程的元素，按其作用由强至弱的顺序为硼、镁、铁、钒、铬、硫、锰、钨，它们均不同程度地阻碍渗碳体的分解，即阻碍石墨化进程。

2) 冷却速度

冷却速度对石墨化的影响也很大。铸铁结晶时，冷却速度越快，越容易促使白口化，阻碍石墨化；冷却速度越慢，越有利于石墨化，石墨化过程可充分进行，结晶出的石墨又多又大。影响冷却速度的因素主要有造型材料、铸造方法和铸件壁厚。因此，为了使铸铁获得所要求的组织，一般根据铸件的尺寸（即铸件壁厚）调整铸铁中的化学成分。图 8.1 为一般砂型铸造条件下铸铁的化学成分和冷却速度（铸件壁厚）对铸铁组织的影响。

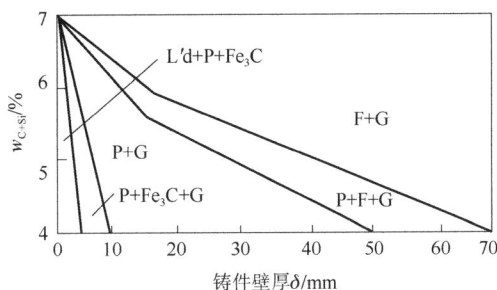

图 8.1 化学成分和冷却速度（铸件壁厚）对铸铁组织的影响

8.2 灰 铸 铁

8.2.1 灰铸铁的化学成分、显微组织与性能

灰铸铁是一种便宜的结构材料，在工业生产中应用最为广泛。灰铸铁的化学成分一般为：$w_C = 2.5\% \sim 3.6\%$、$w_{Si} = 1.0\% \sim 2.2\%$、$w_{Mn} = 0.4\% \sim 1.2\%$、$w_S < 0.15\%$、$w_P < 0.5\%$。对灰铸铁的组织进行分析可知，铸铁是在钢的基体上分布着一些片状石墨。由于化学成分和冷却速度对石墨化的影响，灰铸铁可能出现三种不同的金属基体组织，即铁素体灰铸铁（铁素体+石墨）、铁素休-珠光休灰铸铁（铁素体+珠光体+石墨）、珠光体灰铸铁（珠光体+石墨）。

灰铸铁实际上是在钢的基体组织上分布了大量的片状石墨，因而灰铸铁的力学性能主要取决于基体的组织及石墨的形态、数量、尺寸和分布状况。由于石墨的抗压强度很高，而抗拉强度和塑性几乎为零，因此石墨的存在就像在钢的基体上分布着许多细小的裂纹和孔洞。石墨对钢的基体的这种割裂作用破坏了基体组织的连续性，减小了有效承载面积，并在石墨的尖角处容易产生应力集中，所以灰铸铁的抗拉强度、塑性和韧性远低于钢，而且石墨的数量越多，尺寸越大，分布越不均匀，灰铸铁的力学性能就越差。但石墨本身具有密度小、比体积大和良好的润滑作用，使得灰铸铁凝固时收缩率小，铸造性能和切削加工性能优良，同时具有较高的耐磨性、减振性和低的缺口敏感性，加上灰铸铁生产方便，成品率高，成本低廉，灰铸铁成为应用最广泛的一种铸铁，占各类铸件总产量的80%。

8.2.2　灰铸铁的孕育处理

为了提高灰铸铁的性能，生产中必须细化和减小石墨片。一方面要改变石墨片的数量、尺寸和分布状态，另一方面要增加基体中珠光体的数量。铸铁组织中石墨片越少、越细小、分布越均匀，灰铸铁的力学性能就越高。生产上常用孕育处理的工艺细化金属基体并增加珠光体的数量，改变石墨片的形态和数量。

孕育处理又称为变质处理，是在浇注前向铁液中投入少量硅铁、硅钙合金等孕育剂，使铁液中形成大量均匀分布的人工晶核，在防止白口化的同时，使石墨片和基体组织得到细化。

8.2.3　灰铸铁的牌号、力学性能及用途

灰铸铁的牌号由"灰铁"两字的汉语拼音首位字母HT及后面的一组数字组成，数字表示灰铸铁的最低抗拉强度（单位为MPa），如HT200表示抗拉强度不低于200MPa的灰铸铁。

常用灰铸铁的牌号、力学性能及用途见表8.1，灰铸铁的应用如图8.2所示。

表8.1　常用灰铸铁的牌号、力学性能及用途

牌号	最低抗拉强度/MPa	用途
HT100	100	承受轻载荷、抗磨性要求不高的零件，如罩、盖、手轮、刀架、重锤等，不需人工时效，铸造性能好
HT150	150	承受中等载荷、轻度磨损的零件，如机床支柱、底座、阀体、水泵壳等，不需人工时效，铸造性能好
HT200	200	承受较大载荷、气密性或轻腐蚀工作条件的零件，如齿轮，联轴器、凸轮、泵、阀体等
HT250	250	强度较高的铸铁，耐弱腐蚀介质，用于制造齿轮、联轴器、齿轮箱、汽缸套、液压缸、泵体、机座等
HT300	300	高强度铸铁，具有良好的耐磨性和气密性，用于制造机床床身、导轨、齿轮、曲轴、凸轮、车床卡盘、高压液压缸、高压泵体、冲模等
HT350	350	

注：灰铸铁是根据强度分级的，一般采用φ30mm铸造试棒，切削加工后进行测定。

图8.2　灰铸铁的应用

8.2.4　灰铸铁的热处理

铸铁的热处理基本原理与钢相同，原则上可以采用适用于钢的所有热处理方法。但由于热处理不能改变石墨的形状和分布状态，其作用仅在于改善灰铸铁的基体组织，因此铸铁热处理的目的通常是消除铸造内应力、消除白口组织、稳定尺寸和改善切削加工性能。

1. 消除内应力退火（人工时效）

当铸件形状复杂、壁厚不均匀时，在冷却过程中会产生较大的内应力。为了避免铸件的变形或开裂，需要对其进行去应力退火。将铸件加热到 $500\sim600℃$，保温一定时间（每 10mm 截面保温约 2h），随炉缓慢冷却至 $150\sim200℃$，出炉空冷。经热处理后，铸件的内应力基本消除。消除内应力退火适用于形状复杂或精度要求高的铸件，如机床床身、机架等。

2. 消除白口组织、降低硬度退火（石墨化退火）

铸件在冷却过程中若冷却速度过快，会在表面或薄壁处出现白口组织，给切削加工带来困难，故需要进行消除白口组织、降低硬度的退火处理。将铸件加热到 $850\sim900℃$，保温 $2\sim5h$，随炉缓慢冷却至 $400\sim500℃$，再出炉空冷。热处理能使白口组织中的渗碳体分解为铁素体和石墨，降低硬度，改善切削加工性能。

3. 表面淬火

某些大型铸件的工作表面需要较高的硬度和耐磨性（如机床导轨表面、内燃机汽缸套内壁等），常采用表面淬火的热处理方法来达到性能要求。表面淬火的方法根据加热方式不同可分为火焰淬火、中频感应淬火、高频感应淬火、接触电阻加热淬火等。

8.3　球墨铸铁

8.3.1　球墨铸铁的化学成分、显微组织与性能

一定成分的铁液在浇注前经球化处理，使石墨大部分或全部呈球状的铸铁称为球墨铸铁。球墨铸铁采用高碳高硅、低硫低磷的铁液，其化学成分一般为：$w_C=3.6\%\sim3.9\%$、$w_{Si}=2.0\%\sim2.8\%$、$w_{Mn}=0.6\%\sim0.8\%$、$w_S<0.07\%$、$w_P<0.10\%$。较高含量的碳、硅有利于石墨球化。

球化处理是浇注前在铁液中加入少量的球化剂（通常为稀土镁合金等）及孕育剂，使石墨以球状析出。稀土镁合金虽然具有很强的球化能力，但镁和稀土元素都强烈阻碍石墨化进程，所以加入球化剂的同时还应加入孕育剂以促进石墨化。

随着化学成分和冷却速度的不同，球墨铸铁可以得到不同的金属基体，由此可将其分为铁素体球墨铸铁、铁素体-珠光体球墨铸铁和珠光体球墨铸铁。

球状石墨对金属基体的割裂作用比片状石墨要小得多，并且不存在片状石墨尖端产生的应力集中现象，故球状石墨对金属基体的破坏作用大为减小，基体的强度利用率可达 $70\%\sim90\%$。因此，球墨铸铁的抗拉强度和塑性已超过灰铸铁与可锻铸铁，与铸钢接近，而铸造性能和切削加工性能均优于铸钢，同时热处理的强化作用明显。

8.3.2　球墨铸铁的牌号、力学性能及用途

球墨铸铁的牌号由"球铁"两字的汉语拼音首位字母 QT 及后面的两组数字组成，两组数字分别表示球墨铸铁的最低抗拉强度（单位为 MPa）和最低伸长率（单位为%）。常用球墨铸铁的牌号、力学性能及用途见表 8.2，球墨铸铁的应用见图 8.3。

表 8.2　常用球墨铸铁的牌号、力学性能及用途

牌号	抗拉强度/ MPa	屈服强度/ MPa	伸长率/%	硬度(HBW)	用途
		≥			
QT400-18	400	250	18	130～180	韧性高，低温性能好，有一定的耐蚀性，用于制造汽车及拖拉机轮毂、驱动桥、离合器壳、差速器壳体、拨叉、阀体等
QT400-15	400	250	15	130～180	
QT450-10	450	310	10	160～210	强度和韧性中等，用于制造内燃机油泵齿轮、铁路车辆轴瓦飞轮、水轮机阀门体等
QT500-7	500	320	7	170～230	
QT600-3	600	370	3	190～270	高强度、高耐磨性，并具有一定的韧性，用于制造柴油机曲轴，轻型柴油机凸轮轴、连杆、汽缸套、缸体，磨床主轴、铣床主轴、车床主轴，矿车车轮，农业机械小负荷齿轮
QT700-2	700	420	2	225～305	
QT800-2	800	480	2	245～335	
QT900-2	900	600	2	280～360	高强度、高耐磨性，用于制造内燃机曲轴、凸轮轴，汽车锥齿轮、万向节，拖拉机变速器齿轮，农业机械犁铧等

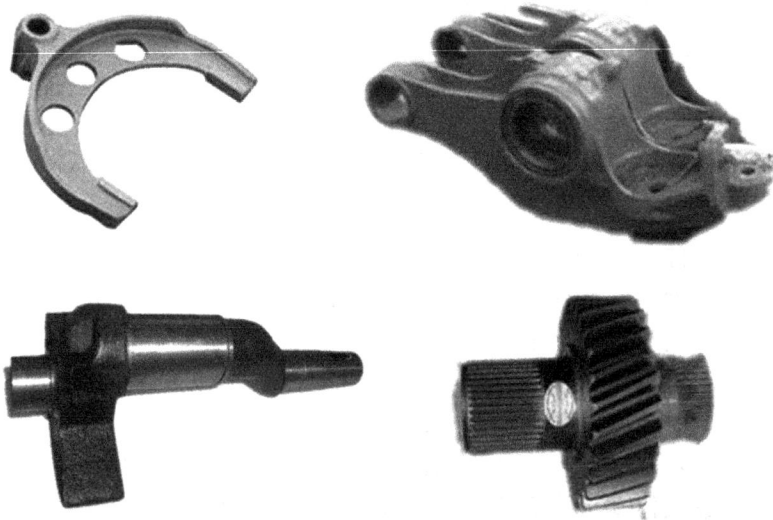

图 8.3　球墨铸铁的应用

　　由于球墨铸铁具有比灰铸铁与可锻铸铁优良的力学性能和工艺性能，并能通过热处理使其性能在较大范围内变化，因此可以代替碳素铸钢、合金铸钢和可锻铸铁，用来制作一些受力复杂，硬度、塑性、韧性和耐磨性要求较高的零件，如内燃机曲轴、凸轮轴、连杆、减速箱齿轮及轧钢机的轧辊等。

8.3.3　球墨铸铁的热处理

由于球墨铸铁的金属基体强度利用率高，所以能够通过热处理改变球墨铸铁的基体组织，提高其力学性能。普通碳素钢的各种热处理方法基本上都可以应用于球墨铸铁。

（1）退火。球墨铸铁的退火热处理方法可分为去应力退火、高温石墨化退火及低温石墨化退火三种。退火后的组织为铁素体基体的球墨铸铁，其目的是提高球墨铸铁的塑性和韧性，降低硬度，改善切削加工性能，消除内应力。

（2）正火。这是目前对球墨铸铁使用最多的一种热处理方法，正火后的组织为珠光体基体的球墨铸铁（基体中珠光体的体积分数占 70%以上），其目的是获得珠光体并增加其分散度，细化组织，提高铸件的强度、硬度和耐磨性。

（3）调质处理。调质后的球墨铸铁基体组织为回火索氏体，具有良好的综合力学性能，用于受力复杂、截面大、承受交变应力的零件，如连杆、曲轴等。

（4）等温淬火。等温淬火是获得高强度和超高强度球墨铸铁的重要热处理方法。等温淬火后的球墨铸铁基体组织为下贝氏体，含有少量的残留奥氏体和马氏体，其目的是获得高强度、高硬度、高韧性的综合力学性能及很好的耐磨性，用于外形复杂、热处理容易变形与开裂的零件，如齿轮、凸轮轴及滚动轴承内外圈等。

8.4　其他铸铁简介

8.4.1　可锻铸铁

可锻铸铁俗称玛钢、马铁，它是由白口铸铁通过石墨化退火或氧化脱碳处理得到的一种高强度铸铁。

1. 可锻铸铁的化学成分、显微组织与性能

可锻铸铁的化学成分一般为：w_C= 2.2%～2.8%、w_{Si} = 1.2%～1.8%、w_{Mn} =0.4%～0.6%、w_S <0.25%、w_P <0.1%。

由于石墨呈团絮状分布在金属基体上，与片状石墨相比，团絮状石墨对金属基体的破坏作用较小，也在一定程度上减小了应力集中，因此可锻铸铁比灰铸铁具有更高的抗拉强度、塑性和冲击韧性。应该指出，虽名为可锻铸铁，但实际可锻铸铁是不能锻造的。

根据化学成分、石墨化退火工艺及组织性能的不同，可锻铸铁可分为黑心可锻铸铁（金相组织为铁素体基体+团絮状石墨）、珠光体可锻铸铁（金相组织为珠光体基体+团絮状石墨）和白心可锻铸铁（金相组织为铁素体−珠光体基体+团絮状石墨）。

2. 可锻铸铁的牌号、力学性能及用途

可锻铸铁的牌号由三个字母加两组数字组成，前两个字母 KT 是"可铁"两字的汉语拼音首位字母，第三个字母代表可锻铸铁的类别，H 代表黑心可锻铸铁，Z 代表珠光体可锻铸铁，B 代表白心可锻铸铁。两组数字则分别代表最低抗拉强度（单位为 MPa）和最低伸长率（单位为%）。例如，KTH300-06 表示黑心可锻铸铁，其最低抗拉强度为 300MPa，最低伸长率为 6%；KTZ450-06 表示珠光体可锻铸铁，其最低抗拉强度为 450MPa，最低伸长率为 6%。

我国常用黑心可锻铸铁和珠光体可锻铸铁的牌号、力学性能及用途见表 8.3。

表 8.3　常用黑心可锻铸铁和珠光体可锻铸铁的牌号、力学性能及用途

牌号		试样直径 d/mm	抗拉强度/ MPa	屈服强度/ MPa	伸长率/%	硬度 (HBW)	用途
A	B		≥				
黑心可锻铸铁 KTH300-06		12 或 15	300		6	≤150	强度高，塑性、韧性好，抗冲击，有一定的耐蚀性，用于水管、高压锅炉、农机零件、车辆铸件、机床零件
	KTH330-08		330		8		
KTH350-10			350	200	10		强度高，塑性、韧性好，抗冲击，有一定的耐蚀性，用于汽车、拖拉机、机床、农机零件
	KTH370-12		370		12		
珠光体可锻铸铁 KTZ450-06			450	270	6	150～200	强度较高，韧性较差，耐磨性好，加工性能好，可代替中低碳钢、低合金钢及有色金属等制造耐磨性和强度要求高的零件，用于汽车前轮毂、传动箱体、拖拉机履带轨板、齿轮、连杆、活塞环、凸轮轴、曲轴、差速器壳、犁刀等
KTZ550-04			550	340	4	180～230	
KTZ650-02			650	430	2	210～260	
KTZ700-02			700	530	2	240～290	

注：B 为过渡性牌号。

8.4.2　蠕墨铸铁

蠕墨铸铁是近年来迅速发展起来的一种新型结构材料，它是经蠕化处理后使石墨呈短蠕虫状的高强度铸铁。蠕墨铸铁的强度比灰铸铁高，兼具灰铸铁和球墨铸铁的某些优点，可用于代替高强度灰铸铁、合金铸铁、黑心可锻铸铁。

1. 蠕墨铸铁的化学成分、显微组织与性能

蠕墨铸铁的化学成分一般为：w_C=3.5%～3.9%、w_{Si}=2.1%～2.8%、w_{Mn}=0.4%～0.8%、w_S<0.06%、w_P<0.10%。

蠕墨铸铁的显微组织是在金属基体上分布着蠕虫状石墨，介于片状石墨与球状石墨之间，较短而厚，形貌卷曲，两端头部较圆，形似蠕虫。蠕墨铸铁基体组织根据蠕化剂和石墨化程度的不同而不同，分为珠光体、珠光体加铁素体和铁素体三种。这类铸铁的抗拉强度、屈服强度、塑性和韧性都明显高于相同基体的灰铸铁，而减振性、导热性、耐磨性、切削加工性能和铸造性能近似于灰铸铁。

2. 蠕墨铸铁的牌号、力学性能及用途

蠕墨铸铁的牌号用"蠕铁"两字的汉语拼音 RuT 及后面的数字组成，数字表示蠕墨铸铁的最低抗拉强度(单位为 MPa)。例如，RuT340 表示蠕墨铸铁，其最低抗拉强度为 340MPa。由于蠕墨铸铁的性能介于灰铸铁和球墨铸铁之间，工艺简单，必要时还可以通过热处理来改善组织和提高性能，在工业上广泛应用于承受循环载荷、组织要求细密、强度要求较高、形状复杂的大型零件和气密性零件，如汽缸盖、飞轮、钢锭模、进排气管和液压阀体等零件。常用蠕墨铸铁的牌号、力学性能及用途见表 8.4。

表 8.4 常用蠕墨铸铁的牌号、力学性能及用途

牌号	抗拉强度/ MPa	屈服强度/ MPa	伸长率/ %	硬度 (HBW)	用途
	≥	≥	≥		
RuT420	420	335	0.75	200～280	高强度、高耐磨性、高硬度及好的热导率，需正火处理，用于制造活塞、制动盘、玻璃模具、研磨盘、活塞环、制动鼓等
RuT380	380	300	0.75	193～274	
RuT340	340	270	1.00	170～249	较高的硬度、强度、耐磨性及热导率，用于制造要求较高强度、刚度和耐磨性的零件，如大齿轮箱体、盖、底座、制动鼓、大型机床件、飞轮、起重机卷筒等
RuT300	300	240	1.50	140～217	良好的强度、硬度，一定的塑性和韧性，较高的热导率，致密性良好，用于制造强度较高及耐热疲劳的零件，如排气管、汽缸盖、变速箱体、液压件、钢锭模等
RuT260	260	195	3.00	121～197	强度不高、硬度较低，有较高的塑性和韧性及热导率，需退火处理，用于制造受冲击载荷及热疲劳的零件，如汽车及拖拉机的底盘零件、增压机废气进气壳体等

拓 展 阅 读

等温淬火球墨铸铁

等温淬火球墨铸铁也称奥铁体球墨铸铁(ADI)。它是由球墨铸铁通过等温淬火热处理得到以奥铁体(针状铁素体加富碳奥氏体)为基体的球墨铸铁。由于其具有强度高(R_m 可至 1600MPa)，韧性高(在 R_m 为 800MPa 时仍有 10%的伸长率)，弯曲疲劳强度达 420～500MPa，接触疲劳强度达 1600～2100MPa，比强度高，与钢相比又有密度小、减振降噪的优点，所以一经问世便受到了广泛的关注，被认为是近代铸铁冶金的重大成就之一，现在又称它为新铁器时代的支撑之一。ADI 的研究始于 20 世纪 70 年代，我国由郑州机械研究所、中国人民解放军第 6401 工厂和厦门汽车配件厂在 1970 年就研究成功了此种新型球墨铸铁，并在 1975 年，第一机械工业部汽车管理局就下令生产了 5000 套 ADI 齿轮。但在 1978 年第 45 届国际铸造年会首次宣读 ADI 论文的是芬兰 KymiKymmene 公司，我国曾艺成教授是在 1979 年第 46 届国际铸造年会上宣读的论文，1984 年美国召开了第一届 ADI 国际学术会议，尽管论文仅 27 篇，但参加人数逾 200 人，可见当时此种材料引起的轰动。为促进 ADI 在我国的研究与发展，1986 年由铸造学会铸铁及熔炼专业委员会召开了我国首次 ADI 学术会议。

作为一种新型工程材料，我国在 ADI 的研发和应用方面取得了显著的成绩。其产量基本上以每年 15%的速度在增长，至 2007 年世界产量已近 30 万 t，其中美国 20 万 t，欧盟 2.5 万 t，我国 6 万～8 万 t。ADI 的应用领域主要是汽车制造业，美国每辆重型卡车中使用 500kg 以上的 ADI 零件。回顾 ADI 在我国发展的历程，可以看到以下情况。

(1)我国是世界上最早发现 ADI 的三个国家之一。通过中国铸造协会、中国稀土学会组织的五次专题学术研讨会和一次产业化研讨会，广大铸造工作者了解并掌握了 ADI 的基本知识、性能及其生产要点，为专业生产提供了技术基础。至今已有不少企业从事 ADI 生产，还建立了两个 ADI 专业生产厂，很多产品已经出口。由于 ADI 零件的应用必须通过设计部门的同

意，所以国内 CADI(硬度＞56HRC)的产量要比 ADI 的高，原因是此材质的部件是易损件，材质选择由铸造厂自己决定。为推广 ADI 在我国的应用，我国已制定了国家标准 GB/T 24733—2009《等温淬火球墨铸铁件》，于 2010 年 9 月 1 日起实施，为设计人员采用 ADI 件提供了充分的依据。这也表明我国 ADI 从试验研究、开发应用，进入工业化生产阶段。

(2)我国已具有工业化生产 ADI 的各种条件。ADI 生产的关键是等温淬火热处理工艺及其设备。我国最早研发但生产后进的原因就在于当时没有现代化的热处理装备。现在有浙江嘉善三永电炉工业有限公司、南京新光英炉业有限公司、上海宝华威热处理设备有限公司、苏州爱普公司、迁西奥帝爱机械铸造有限公司、长春爱普公司都安装有热处理设备，它们可作为热处理中心为每个具体零件制定专有工艺(奥氏体化温度和时间以及等温淬火的温度和时间)进行处理，为其他企业服务。

生产 ADI 的另一个关键是首先要获得优质的球墨铸铁毛坯件，石墨球必须圆整、球化级别必须在 2 级以上。如前所述，中国铸造协会组织制定的高纯生铁标准，以及国内承德保通铸铁型材制造有限公司、武安龙凤山铸业有限公司以及济南庚辰钢铁有限公司等企业都按此标准生产和提供生铁，为生产好的球墨铸铁件打下了良好的基础，而且它们自定的企业标准比行业标准更为严格。利用这种生铁熔炼的铁液纯净度较高、干扰元素少，十分有利于提高石墨圆整度与降低球化剂用量。此外，现在高质量球墨铸铁件的生产企业大多采用冲天炉感应电炉双联或感应炉熔炼，这就能保证提高铁液纯净度、提高球化率及随后的浇注温度。

本 章 小 结

(1)铸铁是含碳量大于 2.11%而小于 6.69%的铁碳合金。

(2)铸铁和钢相比，虽然力学性能较低，但是具有良好的铸造性能和切削加工性能，生产成本低，并具有优良的减摩性、减振性、耐磨性、耐蚀性等，因而得以广泛应用。

(3)化学成分和冷却速度是影响铸铁石墨化的两大因素。

(4)根据碳或石墨的存在形式不同，铸铁有不同的分类方法。

(5)灰铸铁中碳主要以片状石墨的形态存在，灰铸铁的抗拉强度、塑性、韧性比钢低得多，抗压强度与钢接近，同时具有铸铁的优良性能；灰铸铁的牌号由"灰铁"两字的汉语拼音首位字母 HT 及后面的一组数字组成，数字表示灰铸铁的最低抗拉强度(单位为 MPa)。

(6)球墨铸铁中的碳以球状石墨的形态存在，力学性能比灰铸铁高得多，强度与钢接近，仍有灰铸铁的一些优点，因此用于制作受力复杂、性能要求高的重要零件；球墨铸铁的牌号由"球铁"两字的汉语拼音首位字母 QT 及后面的两组数字组成，两组数字分别表示球墨铸铁的最低抗拉强度(单位为 MPa)和最低伸长率(单位为%)。

(7)可锻铸铁中的碳以团絮状石墨的形态存在，可锻铸铁的牌号由三个字母加两组数字组成，前两个字母 KT 是"可铁"两字的汉语拼音首位字母，第三个字母代表可锻铸铁的类别，H 代表黑心可锻铸铁，Z 代表珠光体可锻铸铁，B 代表白心可锻铸铁。两组数字则分别代表最低抗拉强度(单位为 MPa)和最低伸长率(单位为%)。

(8)蠕墨铸铁中的碳以蠕虫状石墨的形态存在，蠕墨铸铁的牌号用"蠕铁"两字的汉语拼音 RuT 及后面的数字组成，数字表示蠕墨铸铁的最低抗拉强度(单位为 MPa)。

思考与练习

8.1 什么是铸铁？与钢相比，它有哪些特点？

8.2 铸铁中碳的存在形式有哪些？石墨的存在形式有哪些？

8.3 按石墨的存在形式不同，将铸铁分为哪几类？

8.4 什么是铸铁的石墨化？影响铸铁石墨化的因素有哪些？

8.5 为什么在同一灰铸铁中，往往薄壁和表层部位易产生白口组织？应采用什么方法才能消除白口组织？

8.6 为何机床床身以及支架用灰铸铁而不用钢制造？

8.7 球墨铸铁是怎样制得的？与灰铸铁比，球墨铸铁有何优点？

8.8 灰铸铁能否通过热处理来改善力学性能？球墨铸铁呢？

8.9 下列说法是否正确？为什么？

(1)通过热处理可以将片状石墨变成球状，从而改善力学性能。

(2)可锻铸铁具有良好的塑性，因而可以进行锻造。

(3)白口铸铁硬度高，可用于制造刀具。

(4)铸件壁厚是影响铸铁石墨化的主要因素。

8.10 下列牌号各表示什么铸铁？牌号中的数字表示什么含义？

HT200，QT600-3，KTH350-10，KTZ650-02，RuT380

8.11 下列铸件，应选用何种铸铁材料合适？

车床的床身、机床手轮、汽车发动机曲轴、缝纫机机架、污水管、自来水三通、扳手、电机机壳。

8.12 可锻铸铁和球墨铸铁，哪种适宜制造薄壁铸件？为什么？

8.13 生产中出现下列不正常现象，应采取什么有效措施予以防止或改善？

(1)铸铁磨床床身铸造以后立即进行切削，在切削加工后发生不允许的变形。

(2)灰铸铁铸件薄壁处出现白口组织，造成切削加工困难。

第9章 有色金属及其合金

工业上使用的金属材料包括黑色金属和有色金属两大类，黑色金属主要是指钢和铸铁；有色金属是指非铁金属及其合金。有色金属是现代工业中不可缺少的材料，并且随着新工艺、新产品的不断问世，有色金属材料也逐渐拥有了越来越广阔的市场。

本章介绍机械制造业中应用较广泛的铝及其合金、铜及其合金、钛及其合金、轴承合金和硬质合金。

9.1 铝及铝合金

铝是 18 世纪初问世并被命名的，属于年轻金属，但是它在地球上的储藏量位于所有金属元素之首，它的应用范围仅次于钢铁，居第二位。铝及铝合金广泛应用于电气、交通工具、食品包装、化工等部门，也是航空航天工业的主要结构材料。

9.1.1 纯铝

1. 纯铝的性能

铝是银白色金属，密度为 $2.72g/cm^3$，仅为铁的 1/3 左右，熔点 660℃，面心立方晶格，强度低，塑性很好。纯铝的导电性、导热性仅次于银和铜，居第三位。铝的导电性是同等质量铜的两倍，是电缆芯材的理想材料。铝和氧的亲和力很强，在空气中铝的表面可生成致密的氧化膜，防止进一步氧化。因此，铝在大气中具有良好的耐蚀性，但是铝不具备耐酸、碱、盐腐蚀的能力。

2. 工业纯铝的牌号和用途

工业纯铝的牌号，新国家标准(GB/T 3190—2008)规定为 1070、1060、1050、1035、1200，其对应的旧牌号(GB/T 3190—1982)为 L1、L2、L3、L4、L5。杂质含量越高，纯铝的导电性、导热性越差。工业纯铝主要用于制作电线、电缆、电器元件、换热器件、化学储存器，配制各种铝合金以及制作要求质轻、导热、导电、耐大气腐蚀但强度要求不高的机电产品零件等。工业纯铝的牌号、化学成分及用途见表 9.1。

表 9.1 工业纯铝的牌号、化学成分及用途

新牌号	旧牌号	化学成分(质量分数/%)		用途
		Al	杂质总量	
1070	L1	99.70	0.30	用于不承受载荷，但对塑性、焊接性、耐蚀性、导电性、导热性要求较高的零件或结构，如垫片、电线保护套管、电缆、电线、线芯等
1060	L2	99.60	0.40	
1050	L3	99.50	0.50	
1035	L4	99.35	0.65	
1200	L5	99.00	1.00	用于不受力而具有某种特性的零件，如电线保护套管、通信系统的零件、垫片和装饰件等

9.1.2　铝合金

纯铝强度很低(R_m=80～100MPa)，通过加工硬化，可使其强度提高(R_m=150～200MPa)，但塑性下降(Z=50%～60%)，故不能直接用于制造受力的结构零件。但在纯铝中加入硅、铜、镁、锰等元素，便能形成具有较高强度的铝合金。这些铝合金一般仍具有密度小、耐蚀、导热性好等特殊性能，若再经过冷加工或热处理，其强度还可进一步提高，可用于承受较大载荷的机器零件和构件。铝合金具有高的比强度(强度与密度之比)，即质量轻、强度高，被誉为"会飞的金属"，广泛应用于飞机、船舶、运输车辆、导弹、火箭、人造地球卫星等陆海空运载工具制造领域。

1. 铝合金的分类

根据铝合金的成分、组织和工艺特点，可以将其分为变形铝合金和铸造铝合金两类。

根据 GB/T 3190—2008《变形铝及铝合金化学成分》的规定，我国变形铝及铝合金牌号采用两种体系牌号，即国际四位数字体系牌号和四位字符体系牌号。按化学成分已在国际牌号注册组织注册命名的，采用国际四位数字体系牌号；未注册命名的按四位字符体系牌号命名。两种牌号命名方法的区别仅在第二位。牌号第一位数字表示铝及铝合金的组别，见表 9.2；牌号第二位数字(国际四位数字体系)或字母(四位字符体系)表示对原始纯铝或铝合金的改型情况，数字 0 或字母 A 表示原始纯铝或原始合金，如果是 1～9 或 B～Y(C、I、L、N、O、P、Q、Z 除外)，则表示改型情况，最后两位数字用以标识同一组中不同的铝合金，对于纯铝表示铝的最低质量分数中小数点后面的两位。

表 9.2　铝及铝合金牌号的组别分类

组别	牌号系列	组别	牌号系列
纯铝(铝的质量分数不小于 99.00%)	1×××	以镁和硅为主要合金元素的铝合金	6×××
以铜为主要合金元素的铝合金	2×××	以锌为主要合金元素的铝合金	7×××
以锰为主要合金元素的铝合金	3×××	以其他合金元素为主要合金元素的铝合金	8×××
以硅为主要合金元素的铝合金	4×××	备用合金组	9×××
以镁为主要合金元素的铝合金	5×××	—	—

2. 常用铝合金

1)变形铝合金

(1)防锈铝合金(旧标准 GB/T 3190—1982 中用 LF+顺序号表示)。它主要是 Al-Mn 系和 Al-Mg 系合金，具有优良的耐腐蚀性能、适中的强度、优良的塑性和良好的焊接性能。这类铝合金不能热处理强化，一般只能冷变形强化，常用于制造焊接管道、铆钉、各式容器及生活器具等。常用合金有 3A21(LF21)、5A02(LF2)等。

(2)硬铝合金(旧标准 GB/T 3190—1982 中用 LY+顺序号表示)。它是 Al-Cu-Mg 系合金，具有高强度、高硬度、优良的切削加工性能和耐热性，但耐蚀性差。这类合金都可以进行时效强化，是可以热处理强化的铝合金，也可以进行变形强化，常用于制造铆钉、螺栓、航空工业中的一般受力件等。常用合金有 2A11(LY11)、2A12(LY12)等。

（3）超硬铝合金（旧标准 GB/T 3190—1982 中用 LC+顺序号表示）。它是 Al-Cu-Mg-Zn 系合金，经固溶处理和人工时效后，是室温强度最高的铝合金。但这种合金耐蚀性差，一般在板材表面包覆铝，以提高耐蚀性，常用于制造受力大的重要构件，如飞机大梁、起落架、加强框等。常用合金有 7A04（LC4）、7A09（LC9）等。

（4）锻铝合金（旧标准 GB/T 3190—1982 中用 LD+顺序号表示）。它是 Al-Cu-Mg-Si 系合金，力学性能与硬铝合金相近，热塑性及耐蚀性较高，更适合锻造。锻铝合金通常要进行固溶处理和人工时效，常用于制造形状复杂、中等强度的锻件和冲压件。常用合金有 2A50（LD5）、2A70（LD7）。常用变形铝合金的主要特性和应用举例见表 9.3。

表 9.3　常用变形铝合金的主要特性和应用举例

类别	新牌号	旧牌号	主要特性	应用举例
防锈铝合金	3A21	LF21	强度不高，不能热处理强化，退火状态下塑性好，耐蚀性好	油箱、汽油或润滑油导管，铆钉、饮料罐等
	5A02	LF2	强度较高，塑性与耐蚀性高，不能热处理强化，焊接性好	焊接油箱、汽油或润滑油导管，车辆、船舶内部装饰
硬铝合金	2A11	LY11	中等强度，可热处理强化，退火、淬火和热态下塑性尚好	中等强度的零件和构件，如空气螺旋桨叶片等
	2A12	LY12	高强度，可热处理强化，耐蚀性不高，点焊焊接性良好	高负荷零件和构件，如飞机骨架、蒙皮、铆钉等
超硬铝合金	7A04	LC4	室温强度最高，塑性较低，可热处理强化，点焊焊接性良好	高载荷零件，如飞机的大梁、蒙皮、翼肋、起落架等
	7A09	LC9	高强度，可热处理强化，塑性、缺口敏感性、耐蚀性优于 7A04	飞机蒙皮和主要受力件
锻铝合金	2A50	LD5	高强度，可热处理强化，高塑性，易于锻造、切削，耐蚀性好	形状复杂、中等强度的锻件和冲压件
	2A70	LD7	耐热，热强度较高，可热处理强化，耐蚀性、可加工性好	内燃机活塞、高温下工作的复杂锻件、压气机叶轮等

2）铸造铝合金

铸造铝合金具有较高的比强度、良好的耐蚀性及铸造工艺性，但塑性较差，一般不进行压力加工。根据主加元素不同，分为 Al-Si 系、Al-Cu 系、Al-Mg 系、Al-Zn 系四种，其中 Al-Si 系应用最为广泛。

铸造铝合金的代号用 ZL+三位数字表示，ZL 是"铸铝"两字的汉语拼音首位字母，第一位数字表示合金系别（1 是 Al-Si 系，2 是 Al-Cu 系，3 是 Al-Mg 系，4 是 Al-Zn 系），第二、三位数字表示合金顺序号。铸造铝合金牌号由铝和主要合金元素的化学元素符号以及该元素的质量分数的数字组成，并在牌号前加上"铸"字的汉语拼音首位字母 Z。例如，ZAlMg10 表示平均含镁量为 10% 的铸造铝合金；ZAlSi7MgA 表示平均含硅量为 7%、平均含镁量小于 1% 的优质铸造铝合金。常用铸造铝合金的牌号、力学性能及用途见表 9.4。

表 9.4　常用铸造铝合金的牌号、力学性能及用途（摘自 GB/T 1173—2013）

类别	合金牌号	合金代号	用途
铝硅合金	ZAlSi7Mg	ZL101	耐蚀性、铸造性好，易气焊，用于制作形状复杂的零件，如仪器零件、飞机零件、工作温度低于185℃的汽化器，在海水环境中使用时 w_{Cu}≤0.1%
	ZAlSi12	ZL102	用于制作形状复杂、负荷小、耐蚀的薄壁零件和工作温度不高于200℃的高气密性零件
铝铜合金	ZAlCu5Mn	ZL201	焊接性能好，铸造性能差，用于制作工作温度在 175～300℃的零件，如支臂、梁柱
	ZAlCu4	ZL203	用于制作受重载荷、表面粗糙度较高而形状简单的厚壁零件，工作温度不高于200℃
铝镁合金	ZAlMg10	ZL301	用于制作受冲击载荷、循环载荷、海水腐蚀和工作温度不高于200℃的零件
	ZAlMg5Si1	ZL303	用于铸造同腐蚀介质接触和在较高温度(不高于220℃)下工作、承受中等载荷的零件
铝锌合金	ZAlZn11Si7	ZL401	铸造性能好、耐蚀性能低，用于制作工作温度不高于200℃、形状复杂的大型薄壁零件
	ZAlZn6Mg	ZL402	用于制作高强度零件，如空压机活塞、飞机起落架等

9.2　铜及铜合金

铜是一种令人难以置信的万能金属，它与人们的生活密切相关。四千年前我们的祖先开始使用红铜，殷商时期有青铜冶铸技术。铜在现代社会中也是非常重要的，这种具有优良延展性、导电性的紫红色金属一路伴随着人们发展。

9.2.1　纯铜

1. 纯铜的性能

纯铜外观呈紫红色，色泽美观，密度为 8.9g/cm³，熔点为 1083℃，面心立方晶格，强度不高，硬度很低，但塑性很好，可进行冷、热压力加工。纯铜的导电性和导热性优良，仅次于银，居第二位，在大气和淡水中有良好的耐蚀性。纯铜在潮湿空气中，表面会生成绿色(氧化)薄膜，称为铜绿。

2. 工业纯铜的牌号

根据杂质含量不同，我国工业纯铜有三个牌号，代号为 T1、T2、T3。代号中 T 为"铜"的汉语拼音首位字母，其后的数字表示序号，数字越大，纯度越低。纯铜不宜作为结构材料使用，主要用于电气、仪表、工艺品等方面，广泛用于制作电线、电缆、铜管和作为配制铜合金的原料。工业纯铜的牌号、化学成分及用途见表 9.5。

表 9.5　工业纯铜的牌号、化学成分及用途

牌号	化学成分(质量分数/%)				用途
	Cu	Bi	Pb	杂质总量	
T1	≥99.95	0.001	0.003	0.05	导电、导热、耐蚀器材，如电线、电缆、导电螺钉、雷管、储存器及各种管道等
T2	≥99.90	0.001	0.005	0.10	
T3	≥99.70	0.002	0.010	0.30	电气开关、垫圈、垫片、铆钉、输油管等

9.2.2 铜合金

纯铜的强度和硬度较低(R_m=230～250MPa，硬度为30～40HBW)，采用冷变形加工可以使抗拉强度提高到400～500MPa，但塑性却急剧下降，所以要满足制作构件的要求，必须进行合金化。铜合金具有良好的力学性能，在大气、淡水和海水中有较高的耐蚀性。此外，铜合金还有某些特殊的力学性能，如优良的减摩性和耐磨性、高的弹性极限及疲劳强度。铜合金按其化学成分可分为黄铜、青铜、白铜三大类。

1. 黄铜

黄铜是指以锌为主加元素的铜合金，呈黄色。黄铜具有良好的力学性能，易加工成形，在大气和海水中有相当好的耐蚀性，是应用最广泛的有色金属。例如，管乐器几乎都是用黄铜制造的，它称为悦耳的金属。黄铜按所含合金元素的种类不同可分为普通黄铜和特殊黄铜两类；按生产方式不同可分为加工黄铜和铸造黄铜两类。

1) 普通黄铜

(1)成分及性能。普通黄铜是铜锌二元合金，它色泽美观，对大气和海水有优良的耐蚀性，加工性能也很好，其力学性能与含锌量有关，如图9.1所示。

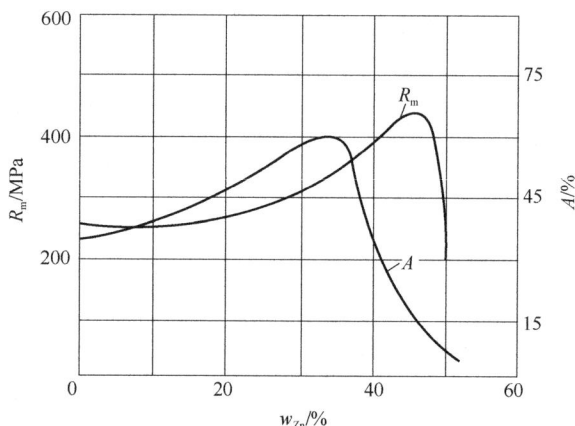

图9.1 普通黄铜的力学性能与含锌量的关系

当锌的质量分数小于39%时，锌全部溶于铜中形成α固溶体，即单相黄铜。当锌的质量分数不超过32%时，随着含锌量的增加，强度、塑性不断提高；当锌的质量分数达到30%～32%时，黄铜的塑性最好。因此，单相黄铜适于冷、热变形加工。

当锌的质量分数大于39%以后，组织中除有α固溶体外，还出现以铜锌为基体的β固溶体，即$\alpha+\beta$两相组织，称为双相黄铜。随着含锌量的增加，黄铜的强度继续提高，但塑性迅速下降，所以双相黄铜适于热变形加工。

当锌的质量分数大于45%以后，黄铜的强度也开始急剧下降，所以在工业上所用的黄铜中锌的质量分数一般不超过45%。

(2)牌号表示方法。普通黄铜的牌号用H+平均含铜量表示，H是"黄"字的汉语拼音首位字母。例如，H68表示平均含铜量为68%、其余为锌的普通黄铜。

(3)主要用途。普通黄铜常用于制作乐器、阀门、子弹壳、电器零件、工艺品等，如图9.2所示。

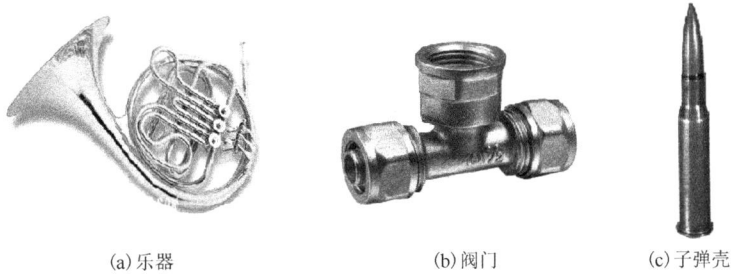

(a)乐器　　　　　　　　　(b)阀门　　　　　　　　(c)子弹壳

图 9.2　普通黄铜的应用

常用普通黄铜的牌号、化学成分、性能特点及用途见表 9.6。

表 9.6　常用普通黄铜的牌号、化学成分、性能特点及用途

牌号	化学成分(质量分数/%)		性能特点	用　途
	Cu	其他		
H90	88.0~91.0	余量 Zn	导热、导电性好，在大气和淡水中耐蚀性高，塑性良好，呈金黄色，有金色黄铜之称	供水及排水管、奖章、艺术品、水箱带及双金属片等
H68	67.0~70.0	余量 Zn	塑性极好，强度较高，切削加工性好，易焊接，是普通黄铜中应用最广泛的品种，有弹壳黄铜之称	制造复杂的冷冲件和深冲件，如散热器外壳、波纹管、雷管、子弹壳等
H62	60.5~63.5	余量 Zn	良好的力学性能，热态下塑性好，切削加工性好，易钎焊和焊接，耐蚀，有快削黄铜之称	销钉、铆钉、垫圈、螺母、气压表弹簧、导管、散热器零件等

2) 特殊黄铜

(1)成分及性能。特殊黄铜是在普通黄铜的基础上加入铅、铝、锡、锰、硅、镍、铁等元素所形成的铜合金。这些元素的加入都能提高黄铜的强度，其中铝、镍、锡、硅能提高其耐蚀性和耐磨性，铁、锰能提高再结晶温度和细化晶粒。特殊黄铜可分为加工用特殊黄铜和铸造用特殊黄铜两种；根据加入元素的不同，可分为锡黄铜、锰黄铜、硅黄铜、铅黄铜和铝黄铜等。

(2)牌号表示方法。特殊黄铜的牌号用 H+主加元素符号(除锌外)+平均含铜量+主加元素平均含量表示。例如，HSi80-3 表示平均含铜量为 80%、平均含硅量为 3%、其余为锌的硅黄铜。

(3)主要用途。特殊黄铜常用于船舶、化工、机电制造业中的零配件生产，如称为海军黄铜的 HSn70-1 及 HSn62-1、称为易削黄铜的 HPb59-1、称为钟表黄铜的 HPb63-3 等。

常用特殊黄铜的牌号、化学成分、性能特点及用途见表 9.7。

3) 铸造黄铜

(1)成分及性能。铸造黄铜中含有较多的铜和少量合金元素，如硅、铝、锰等。它的熔点比纯铜低，结晶温度区间小，有较好的流动性及较小的偏析倾向，铸件组织致密，铸造性能好，耐磨性和耐蚀性也较好。

表 9.7　常用特殊黄铜的牌号、化学成分、性能特点及用途

组别	牌号	化学成分(质量分数/%)		性能特点	用　途
		Cu	其他		
铅黄铜	HPb59-1	57.0～60.0	0.8～1.9Pb,余量 Zn	切削性好,良好的力学性能,能承受冷、热压力加工,易钎焊和焊接	以冲压和切削加工制作的各种结构零件,如螺钉、垫圈、衬套等
锡黄铜	HSn70-1	69.0～71.0	0.8～1.3Sn,余量 Zn	在大气、蒸汽、油类和海水中有高的耐蚀性,良好的力学性能,易焊接和钎焊,冷、热压力加工性好	海轮上的耐蚀零件,与海水、蒸汽、油类接触的导管,热工设备零件
铝黄铜	HAl59-3-2	57.0～60.0	2.5～3.5Al,2.0～3.0Ni,余量 Zn	强度高,耐蚀性在黄铜中为最好,热态下压力加工性好	发动机和船舶业及其他在常温下工作的高强度耐蚀零件
锰黄铜	HMn58-2	57.0～60.0	1.0～2.0Mn,余量 Zn	在海水和过热蒸汽、氯化物中有高耐蚀性,力学性能良好,热态下压力加工性好,导热、导电性低	腐蚀条件下工作的重要零件和弱电流工业用零件
硅黄铜	HSi80-3	79.0～81.0	2.5～4.0Si,余量 Zn	良好的力学性能,耐蚀性好,冷、热压力加工性好,易焊接,导热、导电性低	船舶零件、蒸汽管和水管配件

(2)牌号表示方法。铸造黄铜的牌号用 ZCuZn+平均含锌量+其他加入元素符号及含量表示。例如,ZCuZn38 表示平均含锌量为 38%,其余为铜的普通铸造黄铜(只有锌这一种合金元素);ZCuZn40Mn2 表示平均含锌量为 40%、平均含锰量为 2%、其余为铜的铸造黄铜。

(3)主要用途。铸造黄铜用来制造蜗轮、法兰、轴瓦、阀体及其他在腐蚀介质中使用的零件。常用铸造黄铜的牌号、力学性能及用途见表 9.8。

表 9.8　常用铸造黄铜的牌号、力学性能及用途

牌号	铸造方法	力学性能,≥			用途
		R_m/MPa	A/%	硬度(HBW)	
ZCuZn38	S	295	30	59.0	一般结构件和耐蚀零件,如法兰、阀座、支架、手柄和螺母等
	J	295	30	68.5	
ZCuZn40Mn2	S	345	20	78.5	在空气、淡水、海水、蒸汽(小于 300℃)和各种液体燃料中工作的零件和阀体、阀杆、泵、管接头,以及需要浇注巴氏合金和镀锡的零件等
	J	390	25	88.5	
ZCuZn40Pb2	S	220	15	78.5	一般用途的耐磨、耐蚀零件,如轴套、齿轮等
	J	280	20	88.5	
ZCuZn16Si4	S	345	15	88.5	接触海水工作的管配件以及水泵、叶轮、旋塞,在大气、淡水、油、燃料以及工作压力在 4.5MPa 和 250℃以下蒸汽中工作的零件
	J	390	20	98.0	

2. 青铜

现代工业中把铜与除锌、镍以外的元素所组成的合金称为青铜,即除黄铜、白铜外其余

的铜合金统称为青铜。青铜按生产方式不同，可分为加工青铜和铸造青铜；按主加元素种类的不同，可分为锡青铜、铝青铜、硅青铜和铍青铜等。

　　加工青铜的代号由 Q+主加元素符号及其平均含量+其他加入元素的平均含量组成，Q 为"青"字的汉语拼音首位字母。例如，QSn4-3 表示平均含锡含量为 4%、平均含锌量为 3%、其余为铜的加工锡青铜；QBe2 表示平均含铍量为 2%、其余为铜的加工铍青铜。铸造青铜的代号由 ZCu+主加元素符号及其平均含量+其他元素符号及其平均含量组成，Z 为"铸"字的汉语拼音首位字母。例如，ZCuSn10Pb1 表示平均含锡量为 10%、平均含铅量为 1%的铸造锡青铜；ZCuAl9Mn2 表示平均含铝量为 9%、平均含锰量为 2%的铸造铝青铜。

　　1）锡青铜

　　锡青铜是以锡为主加元素的铜合金，是人类历史上应用最早的金属。

　　(1)成分和性能。含锡量对锡青铜性能的影响如图 9.3 所示，当锡的质量分数小于 6%时，锡溶于铜形成 α 固溶体，随着含锡量的增加，锡青铜的强度和塑性增加；当锡的质量分数大于 6%时，合金中出现硬而脆的 δ 相，塑性急剧下降，而强度继续升高；当锡的质量分数大于 20%时，大量的 δ 相使强度显著降低，此时锡青铜的强度和塑性都很低，合金已没有使用价值，所以工业用锡青铜中锡的质量分数一般为 3%～14%。

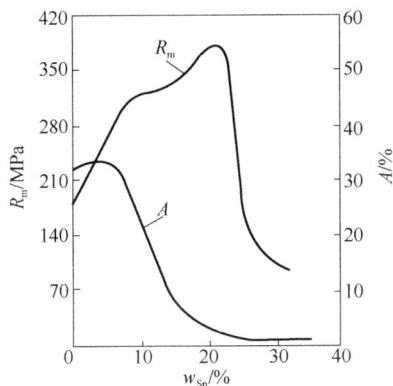

图 9.3　锡青铜的力学性能与锡含量的关系

　　通常加工锡青铜中锡的质量分数小于 8%，铸造锡青铜中锡的质量分数为 10%～14%。锡青铜在铸造时易形成分散细小的缩孔，铸件的致密性差，在高压下容易渗漏，所以不适于制造密封性要求高的铸件。锡青铜是有色合金中铸造收缩率最小的合金，可铸造形状复杂的零件，它已成为自古至今制作艺术品的铸造合金。锡青铜在大气、海水、淡水及蒸汽中的耐蚀性比黄铜和纯铜好。锡青铜中加入少量铅可提高耐磨性和加工性能；加入磷可提高弹性极限、疲劳极限和耐磨性；加入锌可缩小结晶温度范围，改善流动性，提高铸造性能。

　　(2)主要用途。加工锡青铜在造船、化工、机械、仪表、造纸等工业中广泛应用，主要用于制造轴承、轴套、衬套、蜗轮、弹簧及其他弹性元件、耐磨零件、耐蚀零件和抗磁零件等。铸造锡青铜主要用于铸造形状复杂、致密性要求不高、要求耐蚀耐磨的零件，如轴瓦、蜗轮、阀、泵体等。

　　2）铝青铜

　　铝青铜是以铝为主加元素的铜合金，一般铝的质量分数为 5%～12%，比黄铜和锡青铜具有更好的耐蚀性、耐磨性和耐热性，并具有更好的力学性能。铝青铜主要用于制造轴承、衬套、齿轮、法兰盘等高强度、高耐磨性及耐蚀零件，以及弹簧和其他要求耐蚀的弹性元件等。

3）铍青铜

铍青铜是以铍为主加元素的铜合金，一般铍的质量分数为1.7%～2.5%，铍在铜中的溶解度随着温度的增加而增加。铍青铜可以通过固溶热处理和时效进行强化，强化后有较高的强度、硬度，R_m 达到 1200～1500MPa，硬度达到 350～400HBW，超过其他铜合金，甚至可以与高强度钢相媲美。铍青铜的弹性极限、疲劳极限都很高，耐磨性、耐蚀性也很好，同时具有高的导电性、导热性、耐寒性、无磁性以及被撞击时不产生火花等一系列优点。铍青铜主要用于制造各种精密仪器中的弹簧和弹性元件，高速、高压和高温下工作的轴承、衬套等耐磨零件，焊机电极、航海罗盘以及冲击时不产生火花的防爆工具等。

4）硅青铜

硅青铜是以硅为主加元素的铜合金。硅青铜具有很高的力学性能和耐蚀性，有很好的冷、热加工性能，不能热处理强化，通常在退火和加工硬化状态下使用，此时有高的屈服强度和弹性。硅青铜常用于制造在腐蚀介质中工作的各种零件、弹簧和弹簧零件，以及蜗轮、蜗杆、齿轮、轴套等耐蚀耐磨零件。

常用青铜的牌号、化学成分、力学性能及用途见表9.9。

表9.9 常用青铜的牌号、化学成分、力学性能及用途

组别	牌号	Cu 以外成分 （质量分数/%）	用途
加工青铜	QSn4-3	Sn3.5～4.5 Zn2.7～3.3	弹簧，管配件和化工机械中的耐蚀、耐磨和抗磁零件
	QSn4-4-4	Sn3.0～5.0 Pb3.5～4.5 Zn3.0～5.0	用于制造在摩擦条件下工作的轴承、轴套、衬套等
	QAl7	Al6.0～8.0	重要用途的弹性元件
	QBe2	Be1.8～2.1 Ni0.2～0.5	重要用途的弹簧、弹性元件，耐磨件及在高速、高压、高温下工作的轴承、衬套等
	QSi3-1	Si2.7～3.5 Mn1.0～1.5	弹性元件；在腐蚀介质下工作的耐磨零件，如齿轮、蜗轮等
铸造青铜	ZCuSn10Pb1	Sn9.0～11.5 Pb0.5～1.0	高负荷、高速耐磨零件，如轴瓦、衬套、齿轮等
	ZCuAl9Mn2	Al8.0～10.0 Mn1.5～2.5	耐磨、耐蚀零件，如齿轮、蜗轮、衬套等

3. 白铜

白铜是指以镍为主加元素的铜合金。由于铜和镍的晶格类型相同，在固态下铜和镍能完全互溶，所以各类白铜在固态下都是单相固溶体，不能通过热处理强化，只能进行固溶强化和加工硬化。按所含合金元素的种类，可将白铜分为普通白铜和特殊白铜两类。

普通白铜是铜镍二元合金，它具有优良的冷、热加工性能及很好的耐蚀性、耐热性和特殊的电性能。普通白铜的代号用B+数字表示，B是"白"字的汉语拼音首位字母，数字表示平均含镍量。例如，B5表示平均含镍量为5%、其余为铜的普通白铜。

特殊白铜是指三元以上的白铜，即在普通白铜中加入锌、铁、锰等元素而组成的合金。合金元素的加入使白铜的力学性能、工艺性能和特殊电性能得到进一步的提高，特殊白铜的

代号用 B+主加元素符号(除镍外)+数字表示，数字依次表示平均含镍量和主加元素的平均含量。例如，BZn15-20 表示平均含镍量为 15%、平均含锌量为 20%、其余为铜的锌白铜。

白铜一般用来制造精密机械零件、精密电工测量仪器零件、热电偶、艺术品等。

9.3　钛及钛合金

钛及钛合金是 20 世纪 50 年代出现的一种新型结构材料。它的密度小、比强度高、耐热性高、耐蚀性与铬镍不锈钢相当，同时具有很高的塑性，便于冷、热加工，因而在航空航天、化工、造船、国防等工业部门得到广泛的应用，称为太空金属。

9.3.1　纯钛

纯钛为银白色金属，密度为 $4.5g/cm^3$，熔点为 1677℃，热膨胀系数小，热导率低。纯钛强度低，塑性好，易加工成形，可制成细丝和薄片。钛与氧、氮可形成化学稳定性极高的致密氧化物和氮化物保护膜；钛在大气中有极高的耐蚀性。钛具有同素异构现象，在 883℃以下为密排六方晶格，称为 α 钛(α-Ti)；在 883℃以上为体心立方晶格，称为 β 钛(β-Ti)。

工业纯钛有 TA1、TA2、TA3、TA4，顺序号越大，杂质含量越多，钛的强度越高，塑性越差。工业纯钛主要用作化工、造船、医疗等行业工作温度在 350℃以下且受力不大的耐蚀零件。工业纯钛的牌号、力学性能及用途见表 9.10。

表 9.10　工业纯钛的牌号、力学性能及用途(GB/T 3620.1—2016)

牌号	状态	板材厚度/mm	用　途
TA1	M	0.3～2.0 2.1～10.0	有良好的耐蚀性，较高的比强度和疲劳强度，通常在退火状态下使用，锻造性能类似于低碳钢，适用于石油化工、医疗、航空航天等工业的耐热、耐蚀零件，爆炸复合钛板优先采用 TA2。
TA2	M	0.3～2.0 2.1～10.0	机械：350℃以下工作的受力较小的零件及冲压件、压缩机气阀、造纸混合器等。
TA3	M	0.3～1.0 1.1～2.0 2.1～10.0 10.1～25.0	造船：耐海水腐蚀的管道、阀门。 医疗：人造骨骼、植入人体的螺钉。 化工：热交换器、泵体、搅拌器。
TA4	M	0.3～1.0 1.1～2.0 2.1～10.0	航空航天：飞机骨架、蒙皮、发动机部件

注：M 为退火状态。

9.3.2　钛合金

在工业纯钛中加入适量其他合金元素便形成具有强度高、耐蚀性好、耐热性高等特点的钛合金。按组织状态不同，可将钛合金分为 α 型钛合金(TA)、β 型钛合金(TB)、α+β 型钛合金(TC)。

1) α 型钛合金

α 型钛合金主要合金元素是锡、铝、硼等，主要热处理方式为退火，不能热处理强化，室温强度低于 β 型钛合金和 α+β 型钛合金，但高温(500～600℃)强度比它们高，组织稳定，抗

氧化和焊接性能好，切削加工性能良好，低温性能也很好，如TA7在-253℃时仍具有良好的
韧性及综合力学性能，但压力加工性较差。

2) β型钛合金

β型钛合金主要合金元素是钼、铬、钒等β相稳定元素，强度较高、压力加工性及焊接性
优良，且可通过淬火或时效处理使其进一步强化，但生产工艺复杂，合金密度大，故在生产
中用途不广。

3) α+β型钛合金

α+β型钛合金主要合金元素除钼、铬、钒等β相稳定元素外，还有锡、铝等α相稳定元素，
室温下为α+β两相组织，具有良好的综合力学性能，可热处理强化，其切削加工性和压力加
工性均较好，在150～500℃时具有较好的耐热性。

常用钛合金的牌号、化学成分、力学性能及用途见表9.11。

表 9.11　常用钛合金的牌号、化学成分、力学性能及用途（GB/T 3620.1—2016）

牌号	化学成分	状态	板材厚度/mm	用途
TA7	Ti-5Al-2.5Sn	M	0.8～1.5 1.6～2.0 2.1～10.0	可焊接，在316～593℃下有良好的抗氧化性、强度和高温热稳定性，用作锻件、航空涡轮发动机叶片等
TA9	Ti-0.2Pd	M	0.8～2.0 2.1～10.0	目前最好的耐蚀合金，有极强的耐蚀性，适用于化工行业等要求耐氯和氯化物设备的零件
TB2	Ti-5Mo-5V-8Cr-3Al	C，CS	1.0～3.5	淬火状态下有良好的塑性，可以冷成形，焊接性好，热稳定性差，用作螺栓、铆钉及航空工业用构件
TC1	Ti-2Al-1.5Mn	M	0.5～2.0 2.1～10.0	有较高的力学性能和优良的高温变形能力，能进行各种热加工，淬火时效能大幅度提高强度，但热稳定性较差，在退火状态下使用，TC1可用作低温材料，TC3、TC4用作航空涡轮发动机机盘、叶片、结构锻件、紧固件等
TC3	Ti-5Al-4V	M	0.8～2.0 2.1～10.0	
TC4	Ti-6Al-4V	M	0.8～2.0 2.1～10.0	

注：M为退火；C为淬火；CS为淬火（人工时效）。

9.4　轴　承　合　金

在滑动轴承中，制造轴瓦或内衬的合金称为轴承合金。与滚动轴承相比较，滑动轴承具
有承压面积大、工作平稳、无噪声以及装拆方便等优点。

9.4.1　轴承合金的性能和组织特点

轴承合金的组织是在软相基体上均匀分布着硬相质点（如锡基轴承合金、铅基轴承合金），
或硬相基体上均匀分布着软相质点（如铜基轴承合金、铝基轴承合金）（图9.4）。轴承工作时硬
组织起支撑作用；软组织磨损后形成小凹坑，可储存润滑油，减小摩擦和承受振动。轴承合
金应具有如下性能：良好的耐磨性能和减摩性能；一定的抗压强度和硬度，足够的疲劳强度
和承载能力；塑性和冲击韧性良好；良好的抗咬合性；良好的顺应性；好的嵌镶性；良好的
导热性、耐蚀性和小的热膨胀系数。

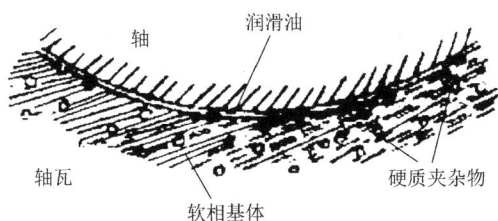

图 9.4　轴承合金理想组织示意图

9.4.2　常用轴承合金

　　轴承合金牌号由 ZCh("铸"及"承"两字汉语拼音)+基本元素符号+主加元素符号+主加元素含量+附加元素含量组成。例如，ZChSnSb11-6 表示主加元素含锑量为 11%、附加元素含铜量为 6%、其余为锡的锡基轴承合金。常用的轴承合金有锡基轴承合金、铅基轴承合金、铜基轴承合金和铝基轴承合金四种。

　　锡基轴承合金(锡基巴氏合金)是指以锡为基础，加入锑、铜等元素组成的合金。

　　铅基轴承合金(铅基巴氏合金)是指以铅为基础，加入锑、锡、铜等元素组成的合金。常用锡基轴承合金和铅基轴承合金的牌号、化学成分及用途见表 9.12。

表 9.12　常用锡基轴承合金和铅基轴承合金的牌号、化学成分及用途

组别	牌号	化学成分(质量分数/%)				用途
		Sn	Sb	Pb	Cu	
锡基轴承合金	ZChSnSb11-6	余量	10～12		5.5～6.5	较硬，适用于 1500kW 以上的高速汽轮机，370kW 的涡轮机，高速内燃机轴承
	ZChSnSb12-4-10	余量	11.0～13.0	9.0～11.0	2.5～5.0	一般发动机的主轴承，但不适于高温场合
	ZChSnSb8-4	余量	7.0～8.0		3.0～4.0	大型机器轴承及重载汽车发动机轴承
	ZChSnSb4-4	余量	4.0～5.0		4.0～5.0	涡轮机及内燃机高速轴承、轴衬
铅基轴承合金	ZChPbSb16-16-2	15.0～17.0	15.0～17.0	余量	1.5～2.0	110～880kW 蒸汽涡轮机、150～750kW 电动机和小于 1500kW 起重机中重载推力轴承
	ZChPbSb15-5-3	5.0～6.0	14.0～16.0	Cd: 1.75～2.25 As: 0.6～1.0 Pb 余量	2.5～3.0	船舶机械、小于 250kW 电动机、水泵轴承
	ZChPbSb15-10	9.0～11.0	14.0～16.0	余量		高温、中等压力下轴承

　　铝基轴承合金有铝锑镁轴承合金和高锡铝基轴承合金，铝锑镁轴承合金塑性、韧性好，屈服点较高，目前这种合金大量应用于低速柴油机等轴承上；高锡铝基轴承合金具有高的疲劳强度，良好的耐热、耐磨和抗蚀性，这种合金已在汽车、拖拉机、内燃机上推广使用。

　　铜基轴承合金有锡青铜、铅青铜等。铅青铜有高的疲劳强度、承载能力、导热性、耐磨性，能在 250℃ 以下工作，用于制造高速、重载滑动轴承，是锡基轴承合金代用品。

9.5 硬 质 合 金

由于切削速度不断提高，不少刀具的刃部工作温度超过 700℃，这时，一般高速钢已不再适用，就要采用硬质合金刀具。

硬质合金是指将一种或多种难熔金属硬碳化物和黏结剂金属，通过粉末冶金工艺生产的一类合金材料，即将高硬度、难熔的碳化钨（WC）、碳化钛（TiC）、碳化钽（TaC）等和钴（Co）、镍（Ni）等黏结剂金属，经制粉、配料（按一定比例混合）、压制成形，再通过高温烧结制成。

硬质合金广泛用作刀具材料，如车刀、铣刀、刨刀、钻头、镗刀等，用于切削铸铁、有色金属、塑料、化纤、石墨、玻璃、石材和普通钢材，也可以用来切削耐热钢、不锈钢、高锰钢、工具钢等难加工的材料。

9.5.1 硬质合金的性能特点

（1）硬度高、红硬性高、耐磨性好的硬质合金，在室温下的硬度可达 86～93 HRA，在 900～1000℃下仍然有较高的硬度，故硬质合金刀具在使用时，其切削速度、耐磨性及寿命均比高速钢显著提高。

（2）抗压强度比高速钢高，但抗弯强度只有高速钢的 1/3～1/2，韧性差，为淬火钢的 30%～50%。

9.5.2 常用硬质合金

按成分与性能特点不同，常用的硬质合金分为三类。

1. 钨钴类硬质合金

钨钴类硬质合金（K 类硬质合金）主要成分为碳化钨及钴。其牌号用 YG＋数字表示，数字表示含钴量的百分数。例如，YG8 表示钨钴类硬质合金，含钴量为 8%。

2. 钨钴钛类硬质合金

钨钴钛类硬质合金（P 类硬质合金）主要成分为碳化钨、碳化钛及钴。其牌号用 YT＋数字表示，数字表示碳化钛含量的百分数。例如，YT5 表示钨钴钛类硬质合金，碳化钛含量为 5%。

硬质合金中，碳化物含量越多，含钴量越少，则合金的硬度、热硬性及耐磨性越高，合金的强度和韧性越低。含钴量相同时，P 类硬质合金由于碳化钛的加入，合金具有较高的硬度及耐磨性，同时，合金的表面会形成一层氧化薄膜，切削不易粘刀，具有较高的热硬性；但其强度和韧性比 K 类硬质合金低。因此 K 类硬质合金刀具适合加工脆性材料（如铸铁），而 P 类硬质合金刀具适合加工塑性材料（如钢等）。

3. 钨钛钽（铌）类硬质合金

钨钛钽（铌）类硬质合金（通用类、万能类）（M 类硬质合金）以碳化钽或碳化铌取代 P 类硬质合金中的一部分碳化钛制成。碳化钽（碳化铌）显著提高合金的热硬性，该类硬质合金常用来加工不锈钢、耐热钢、高锰钢等难加工的材料。

钨钛钽（铌）类硬质合金牌号用 YW＋顺序号表示，如 YW1、YW2 等。

上述硬质合金，硬度高，脆性大，除磨削外，不能进行切削加工，一般不能制成形状复杂的整体刀具，故一般将硬质合金制成一定规格的刀片，使用前将其紧固（焊接、黏结或机械紧固）在刀体或模具上。

常用硬质合金牌号、性能及用途见表 9.13。

表 9.13　常用硬质合金牌号、性能及用途

种类	主要成分	常用牌号	性能	用途
钨钴类	碳化钨(WC)和黏结剂(Co)	YG3X, YG6, YG8C, YG15	较好的强度和韧性;WC 含量较高、含 Co 量较低时,硬度较高,抗弯强度较低	切削脆性材料,如铸铁、有色金属、胶木等,YG3 适于精加工,YG15 用于粗加工
钨钴钛类	碳化钨(WC)、碳化钛(TiC)及钴	YT5, YT15, YT30	加入 TiC,提高硬度和耐热性,TiC 越多,硬度、耐磨性、耐热性越好,而抗弯强度越低	用于加工韧性材料如钢材等,YT5 适于粗加工,YT30 只能用于精加工
钨钛钽(铌)类	碳化钨(WC)、碳化钛(TiC)、碳化钽(TaC)	YW1, YW2	加入 TaC,显著提高硬度、耐磨性、耐热性及抗氧化性	既能加工钢又能加工铸铁,可用于耐热钢、高锰钢、不锈钢等加工

除以上硬质合金外,还出现了另一类硬质合金,即"钢结碳化钛基合金",是德国为生产涡轮叶片而开发的。它是碳化钛粉末和钢黏结剂所需的合金粉末相混合,经过压制和液相烧结而成。这种材料具有可加工性和热处理性能,硬度可达到 70HRC,但低于其他硬质合金,使用寿命与 K 类硬质合金差不多;明显超过了合金工具钢。因其具有切削加工性,可以很方便地制成各种形状的刀具、模具和耐磨零件。

<h1 align="center">拓 展 阅 读</h1>

<h2 align="center">记 忆 合 金</h2>

形状记忆合金(Shape Memory Alloys,SMA)是一种在加热升温后能完全消除其在较低的温度下发生的变形,恢复其变形前原始形状的合金材料,即拥有"记忆"效应的合金。在航空航天领域内的应用有很多成功的范例。人造卫星上庞大的天线可以用记忆合金制作。发射人造卫星之前,将抛物面天线折叠起来装进卫星体内,火箭升空把人造卫星送到预定轨道后,只需加温,折叠的卫星天线因具有"记忆"功能而自然展开,恢复抛物面形状。

形状记忆合金在临床医疗领域内有着广泛的应用,如人造骨骼、伤骨固定加压器、牙科正畸器、各类腔内支架、栓塞器、心脏修补器、血栓过滤器、介入导丝和手术缝合线等,形状记忆合金在现代医疗中正扮演着不可替代的角色。形状记忆合金同人们的日常生活也休戚相关。

形状记忆合金具有形状记忆效应(Shape Memory Effect),以形状记忆合金制成的弹簧为例,把这种弹簧放在热水中,弹簧立即伸长,再放到冷水中,它会立即恢复原状。利用形状记忆合金弹簧可以控制浴室水管的水温。在热水温度过高时通过"记忆"功能,调节或关闭供水管道,避免烫伤。形状记忆合金也可以制作消防报警装置及电器设备的保险装置。当发生火灾时,形状记忆合金制成的弹簧发生形变,启动消防报警装置,达到报警的目的。还可以把用形状记忆合金制成的弹簧放在暖气的阀门内,用以保持暖房的温度,当温度过低或过高时,自动开启或关闭暖气的阀门。形状记忆合金的形状记忆效应还广泛应用于各类温度传感器触发器中。

形状记忆合金另一种重要性质是伪弹性(Pseudoelasticity),又称超弹性(Superelasticity),表现为在外力作用下,形状记忆合金具有比一般金属大得多的变形恢复能力,即加载过程中

产生的大应变会随着卸载而恢复。这一性能在医学和建筑减振以及日常生活方面得到了普遍应用，如前面提到的人造骨骼、伤骨固定加压器、牙科正畸器等。用形状记忆合金制造的眼镜架，可以承受比普通材料大得多的变形而不发生破坏(并不是应用形状记忆效应，发生变形后再加热而恢复)。

1932年，瑞典的奥兰德在金镉合金中首次观察到"记忆"效应，即合金的形状改变之后，一旦加热到一定的跃变温度时，它又可以魔术般地变回原来的形状，人们把具有这种特殊功能的合金称为形状记忆合金。近20年，形状记忆合金的开发越来越多，由于其在各领域的特效应用，正广为世人所瞩目，被誉为"神奇的功能材料"。

1963年，美国海军军械研究所的比勒在研究工作中发现，在高于室温较多的某温度范围内，把一种镍钛合金丝烧成弹簧，然后在冷水中把它拉直或铸成正方形、三角形等形状，再放在40℃以上的热水中，该合金丝就恢复成原来的弹簧形状。后来陆续发现，某些其他合金也有类似的功能。这一类合金称为形状记忆合金。每种以一定元素按一定重量比组成的形状记忆合金都有一个转变温度；在这一温度以上将该合金加工成一定的形状，然后将其冷却到转变温度以下，人为地改变其形状后再加热到转变温度以上，该合金便会自动地恢复到原先在转变温度以上加工成的形状。

1969年，镍钛合金的形状记忆效应首次在工业上应用。人们采用了一种与众不同的管道接头装置。为了将两根需要对接的金属管连接，选用转变温度低于使用温度的某种形状记忆合金，在高于其转变温度的条件下，做成内径比待对接管子外径略微小一点的短管(作接头用)，然后在低于其转变温度下将其内径稍加扩大，再把连接好的管道放到该接头的转变温度时，接头就自动收缩而扣紧被接管道，形成牢固紧密的连接。美国在某种喷气式战斗机的油压系统中便使用了一种镍钛合金接头，从未发生过漏油、脱落或破损事故。

1969年7月20日，美国宇航员乘坐"阿波罗11号"登月舱在月球上首次留下了人类的脚印，并通过一个直径数米的半球形天线传输月球和地球之间的信息。这个庞然大物般的天线是怎么被带到月球上的呢?就是用一种形状记忆合金材料，先在其转变温度以上按预定要求做好，然后降低温度把它压成一团，装进登月舱带上天去。放置于月球后，在阳光照射下，达到该合金的转变温度，天线"记"起了自己的本来面貌，变成一个巨大的半球。

形状记忆合金由于具有许多优异的性能，广泛应用于航空航天、机械电子、生物医疗、建筑结构、汽车工业及日常生活等多个领域。

1. 航空航天工业

形状记忆合金已应用到航空和太空装置。例如，用在军用飞机的液压系统中的低温配合连接件，欧洲和美国正在研制用于直升机的智能水平旋翼中的形状记忆合金材料。直升机高振动和高噪声使其使用受到限制，其噪声和振动的来源主要是叶片涡流干扰，以及叶片型线的微小偏差。这就需要一种平衡叶片螺距的装置，使各叶片能精确地在同一平面旋转。目前已开发出一种叶片的轨迹控制器，它是用一个小的双管形状记忆合金驱动器控制叶片边缘轨迹上的小翼片的位置，使其振动降到最低。

形状记忆合金还可用于制造探索宇宙奥秘的月球天线。人们利用形状记忆合金在高温环境下制作好天线，再在低温下把它压缩成一个小铁球，使它的体积缩小到原来的1/1000，这样很容易运上月球，太阳的强烈的辐射使它恢复原来的形状，按照需求向地球发回宝贵的宇宙信息。

另外，在卫星中使用一种可打开容器的形状记忆释放装置，该容器用于保护灵敏的锗探测器免受装配和发射期间的污染。

2. 机械电子产品

1970 年美国用形状记忆合金制作 F-14 战斗机上的低温配合连接器，随后有数以百万以上的连接件的应用。形状记忆合金作为低温配合连接件在飞机的液压系统中及体积较小的石油、石化、电子工业产品中应用。另一种连接件的形状是焊接的网状金属丝，用于制造导体的金属丝编织层的安全接头。这种连接件已经用于密封装置、电气连接装置、电子工程机械装置，并能在-65～300℃可靠地工作。已开发出的密封系统装置可在严酷的环境中用作电气连接件。

将形状记忆合金制作成一个可打开和关闭快门的弹簧，用于保护雾灯免于飞行碎片的击坏。形状记忆合金还可用于制造精密仪器或精密车床，一旦由于振动、碰撞等原因变形，只需加热即可排除故障。在机械制造过程中，各种冲压和机械操作常需将零件从一台机器转移到另一台机器上，现在利用形状记忆合金开发了一种取代手动或液压夹具，这种装置称为驱动汽缸，它具有效率高、灵活、装夹力大等特点。

3. 生物医疗

用于医学领域的 TiNi(镍钛)形状记忆合金，除利用其形状记忆效应或超弹性外，还应满足化学和生物学等方面的要求，即良好的生物相容性。TiNi 合金可与生物体形成稳定的钝化膜。在医学上 TiNi 合金主要应用如下。

1)齿矫形丝

用超弹性 TiNi 合金丝和不锈钢丝制作的牙齿矫正丝，其中用超弹性 TiNi 合金丝是最适宜的。通常牙齿矫正用不锈钢丝或钴铬合金丝，但这些材料有弹性模量高、弹性应变小的缺点。为了给出适宜的矫正力，在矫正前就要加工成弓形，而且结扎固定要求熟练。如果用 TiNi 合金制作牙齿矫正丝，即使应变高达 10%也不会产生塑性变形，而且应力诱发马氏体相变(Stress-induced Martensite)使弹性模量呈现非线性特性，即应变增大时矫正力波动很少。这种材料不仅操作简单、疗效好，也可减轻患者不适感。

2)脊柱侧弯矫形

各种脊柱侧弯症(先天性、习惯性、神经性、佝偻病性、特发性等)疾病，不仅使患者身心受到严重损伤，而且使患者内脏受到压迫，所以有必要进行外科手术矫形。目前这种手术采用不锈钢制作矫形棒，在手术中安放矫形棒时，要求固定后脊柱受到的矫正力保持在 30～40kg，一旦受力过大，矫形棒就会破坏，结果不仅是脊柱，神经也有受损伤的危险。此外，矫形棒安放后矫正力会随时间变化，大约矫正力降到初始时的 30%时，就需要再进行手术调整矫正力，这样给患者在精神和肉体上都造成极大痛苦。采用形状记忆合金制作矫形棒，只需要进行一次安放矫形棒固定。如果矫形棒的矫正力有变化，通过体外加热形状记忆合金，把温度升高到比体温约高 5℃，就能恢复足够的矫正力。

另外，外科中用 TiNi 形状记忆合金制作各种骨连接器、血管夹、凝血滤器以及血管扩张元件等。形状记忆合金还广泛应用于口腔科、骨科、心血管科、胸外科、肝胆科、泌尿科、妇科等，随着形状记忆合金的发展，医学应用将会更加广泛。

4. 建筑结构

利用形状记忆合金的伪弹性和动阻尼特性，形状记忆合金用于被动控制结构中，起到抗震的作用。另外还应用于结构振动的阻尼控制等。

5. 日常生活

1) 防烫伤阀

在家庭生活中，已开发的形状记忆合金阀可用来防止洗涤槽、浴盆和浴室的热水意外烫伤；这些阀门也可用于旅馆和其他适宜的地方。如果水龙头流出的水温达到可能烫伤人的温度(大约 48℃)，形状记忆合金驱动阀门关闭，直到水温降到安全温度，阀门才重新打开。

2) 眼镜框架

在眼镜框架的鼻梁和耳部装配 TiNi 合金可使人感到舒适并抗磨损，TiNi 合金所具有的柔韧性已使它们广泛用于眼镜时尚界。用超弹性 TiNi 合金丝制作眼镜框架，即使镜片热膨胀，该形状记忆合金丝也能靠超弹性的恒定力夹牢镜片。这些超弹性合金制造的眼镜框架的变形能力很大，而普通的眼镜框则不能做到。

3) 移动电话天线和火灾检查阀门

使用超弹性 TiNi 合金丝制作蜂窝状电话天线是形状记忆合金的另一个应用。过去使用不锈钢天线，由于弯曲常常出现损坏问题。TiNi 形状记忆合金丝制作移动电话天线，具有高抗破坏性，受到人们普遍欢迎。因此常用形状记忆合金来制作蜂窝状电话天线和火灾检查阀门。火灾中，当局部地方升温时阀门会自动关闭，防止危险气体进入。这种特殊结构设计的优点是，它具有检查阀门的操作，又能复位到安全状态。这种火灾检查阀门在半导体制造业中得到使用，也可在化学和石油工厂应用。

6. 其他

在工程和建筑领域用 TiNi 形状记忆合金作为隔声材料及探测地震损害控制材料的潜力已显示出来。已试验形状记忆合金在桥梁和建筑物中的应用，因此作为隔声材料及探测地震损害控制材料已成为形状记忆合金一个新的应用领域。

随着薄膜形状记忆合金材料的出现和开发利用，形状记忆合金在智能材料系统中受到高度重视，应用前景更广阔。

本 章 小 结

(1) 纯铝的强度低、塑性好、导电和导热性好，在大气中有很好的耐腐蚀性。工业纯铝主要用于制作电线、电缆、电器元件等。

(2) 铝合金按加工方法分为变形铝合金和铸造铝合金。变形铝合金分为防锈铝合金、硬铝合金、超硬铝合金和锻铝合金四类；铸造铝合金根据主加元素不同，分为 Al-Si 系、Al-Cu 系、Al-Mg 系、Al-Zn 系四种，其中 Al-Si 系应用最为广泛。

(3) 纯铜外观呈紫红色，纯铜的主要用途是制作导电、导热材料及耐腐蚀器件。

(4) 铜合金按其化学成分可分为黄铜、白铜、青铜三大类。以锌为主要合金元素的铜合金称为黄铜。铜锌二元合金称为普通黄铜，普通黄铜的牌号用 H＋平均含铜量表示；在普通黄铜的基础上加入了其他合金元素的黄铜称为特殊黄铜，特殊黄铜的牌号用 H＋主加元素符号(除锌外)＋平均含铜量＋主加元素平均含量表示；铸造黄铜的牌号用 ZCuZn＋平均含锌量＋其他加入元素符号及含量表示。铜和镍的合金称为白铜。除黄铜和白铜以外的铜合金统称为青铜，青铜按成分又分为锡青铜、铝青铜、硅青铜和铍青铜等，按加工方式分为加工青铜和铸造青铜。

(5) 纯钛呈银白色，具有同素异构现象。纯钛的密度小，熔点高，热膨胀系数小，塑性好。常用的钛合金可以分为 α 型钛合金、$\alpha+\beta$ 型钛合金、β 型钛合金三类。

(6) 轴承合金的组织是在软相基体上均匀分布着硬相质点(如锡基轴承合金、铅基轴承合金)，或硬相基体上均匀分布着软相质点(如铜基轴承合金、铝基轴承合金)，常用的轴承合金按主要成分可分为锡基轴承合金、铅基轴承合金、铜基轴承合金、铝基轴承合金等。应用最广的是锡基轴承合金和铅基轴承合金，又称巴氏合金。

(7) 硬质合金具有硬度高、红硬性高、耐磨性高、抗压强度高等诸多优点。因此，硬质合金在刀具、量具、模具的制造中得到了广泛应用。

(8) 按成分与性能特点不同，常用的硬质合金有钨钴类硬质合金、钨钴钛类硬质合金和钨钛钽(铌)类硬质合金三大类，根据国际标准化组织 513—2012(E)相关标准规定，分别用英文字母 K、P、M 表示。

思考与练习

9.1　铝合金如何进行分类？

9.2　变形铝合金分为哪几类？主要性能特点是什么？

9.3　铸造铝合金分为哪几类？铸造铝合金中哪种铝合金应用最广？

9.4　铜合金分为哪几类？试述锡青铜的主要性能特点。

9.5　什么是黄铜？含锌量对普通黄铜的性能有何影响？

9.6　钛合金有什么突出的优点？为什么说它是很具有发展前途的新型材料？

9.7　滑动轴承合金应具有哪些性能？

9.8　为确保性能，滑动轴承合金应具有怎样的组织？锡基轴承合金和铅基轴承合金为什么符合要求？

9.9　与工具钢相比，硬质合金的性能有何特点？它有哪些用途？举例说明。

9.10　为什么在砂轮上磨削经淬火的 W18Cr4V 钢、9SiCr 钢、T12A 钢等材料制成的刀具时，要经常用水冷却？而磨 YT15 等材料制成的刀具却不用水冷？

9.11　指出下列牌号的具体名称、字母及数字的含义。

1070、3A21(LF21)、2A12 (LY12)、2A50(LD5)、ZAlMg10(ZL301)、H68、HPb59-1、ZCuZn38、ZCuSn10Pb1、ZChSnSb11-6、YG8。

9.12　下列零件选用何种有色金属材料较为合适？

焊接油箱、汽缸体、散热器、仪表弹簧、重型汽车轴承。

*第 10 章　非金属材料

非金属材料指工程材料中除金属材料以外的其他一切材料。非金属材料的原料来源广泛，自然资源丰富，成形工艺简单，具有一些特殊性能，应用日益广泛，已成为机械工程材料中不可缺少的重要组成部分。

在机械工程中常用的非金属材料主要包括高分子材料、陶瓷材料和复合材料。

10.1　高分子材料

高分子材料是以高分子化合物为主要组分的材料。高分子化合物是指相对分子质量(分子量)很大的化合物，其分子量一般在 5000 以上。高分子化合物包括有机高分子化合物和无机高分子化合物两类。有机高分子化合物又分为天然的和合成的。机械工程中使用的高分子材料主要是人工合成的有机高分子聚合物(简称高聚物)，如塑料、合成橡胶、合成纤维、涂料和胶黏剂等。

高聚物是通过聚合反应以低分子化合物结合形成的高分子材料。

1. 加聚反应

加聚反应是由一种或多种单体相互加成而连接成聚合物的反应。

例如，乙烯加聚成聚乙烯。单体为两种或两种以上的则为共聚，例如，ABS 工程塑料就是由丙烯腈、丁二烯和苯乙烯三种单体共聚合成的。

2. 缩聚反应

缩聚反应是由一种或多种单体相互作用而连接成高聚物的反应，这种反应同时析出新的低分子副产物。酚醛树脂(电木)、聚酰胺(尼龙)、环氧树脂等都是缩聚反应产物。

人工合成的高分子化合物按工艺性质可分为塑料、橡胶、胶黏剂和纤维素。

10.1.1　塑料

1. 塑料的组成

塑料是以合成树脂为主要成分，加入一些用来改善使用性能和工艺性能的添加剂而制成的高分子材料。

树脂的种类、性能、数量决定了塑料的性能，因此，塑料基本上都是以树脂的名称命名的，例如，聚氯乙烯塑料的树脂就是聚氯乙烯。工业中用的树脂主要是合成树脂，如聚乙烯、聚氯乙烯等。

合成塑料的添加剂的种类较多，常用的主要有以下几种。

(1)填料。填料可使塑料具有所要求的性能，且能降低成本。用木屑、纸屑、石棉纤维、玻璃纤维等有机材料作为填料，可增加塑料强度，例如，酚醛树脂中加入木屑即俗称的电木。用高岭土、滑石粉、氧化铝、石墨、铁粉、铜粉和铝粉等无机物作为填料，可使塑料具有较高的耐热性、导热性、耐磨性、耐蚀性等。

(2) 增塑剂。增塑剂用以增加树脂的可塑性、柔软性、流动性，降低脆性。常用的增塑剂有磷酸酯类化合物、甲酸酯类化合物和氯化石蜡等。

(3) 稳定剂(防老化剂)。稳定剂可增加塑料对光、热、氧等老化作用的抵抗力，延长塑料的寿命。常用的稳定剂有硬脂酸盐、环氧化合物等。

(4) 润滑剂。加入少量润滑剂可改善塑料成形时的流动性和脱模性，使制品表面光滑、美观。常用的润滑剂有硬脂酸等。

除上述添加剂外，还有固化剂、发泡剂、抗静电剂、稀释剂、阻燃剂、着色剂等。

2. 塑料的特性

(1) 质轻、比强度高。

(2) 化学稳定性好。

(3) 优异的电绝缘性。

(4) 减摩、耐磨性好。

(5) 消声和吸振性好。

(6) 成形加工性好。

(7) 耐热性差。

3. 常用塑料

按照塑料的热性能不同可分为热塑性塑料和热固性塑料。

1) 热塑性塑料

(1) 聚乙烯(PE)。按生产工艺不同，分为高压聚乙烯、中压聚乙烯和低压聚乙烯。高压聚乙烯化学稳定性好，柔软性、绝缘性、透明性、耐冲击性好，宜吹塑成薄膜、软管、瓶等。低压聚乙烯质地坚硬，耐磨性、耐蚀性、绝缘性好，适宜制作化工用管道、槽，电线、电缆包皮，承载小的齿轮、轴承等；又因其无毒，可制作茶杯、奶瓶、食品袋等。

(2) 聚氯乙烯(PVC)。分为硬质聚氯乙烯和软质聚氯乙烯两种。硬质聚氯乙烯强度较高，绝缘性和耐蚀性好，耐热性差，在-15～60℃使用，用于化工耐蚀的结构材料，如输油管、容器、离心泵、阀门管件等，用途很广。软质聚氯乙烯强度低于硬质聚氯乙烯，伸长率大，绝缘性较好，在-15～60℃使用，用于电线、电缆的绝缘包皮，农用薄膜，工业包装等。聚氯乙烯有毒，不能包装食品。

(3) 聚丙烯(PP)。密度小，是常用塑料中最轻的一种。强度、硬度、刚性、耐热性均高于低压聚乙烯，可在 120℃ 以下长期工作；绝缘性好，且不受湿度影响，无毒无味，但低温脆性大，不耐磨，易老化。聚丙烯用于一般机械零件，如齿轮、耐蚀件(如泵叶轮、化工管道、容器)，绝缘件，电视机、收音机、电扇、电机罩等壳体，生活用具，医疗器械，食品和药品包装等。

(4) 聚酰胺(PA)，俗称尼龙或锦纶。强度、韧性、耐磨性、耐蚀性、吸振性、自润滑性、成形性好，摩擦系数小，无毒无味，可在 100℃以下使用；蠕变值大，导热性差，吸水性高，成形收缩率大。常用的有尼龙 6、尼龙 66、尼龙 610、尼龙 1010 等。聚酰胺用于制造耐磨、耐蚀的某些承载和传动零件，如轴承、机床导轨、齿轮、螺母及一些小型零件；也可用于制作高压耐油密封圈，或喷涂在金属表面作为防腐、耐磨涂层，应用较广。

(5) 聚甲基丙烯酸甲酯(PMMA)，俗称有机玻璃。透光性、着色性、绝缘性、耐蚀性好，在自然条件下老化发展缓慢，可在-60～100℃使用；不耐磨，脆性大，易溶于有机溶剂中，硬度不高，表面易擦伤。聚甲基丙烯酸甲酯用于航空、仪器、仪表、汽车中的透明件和装饰件(如飞机窗、灯罩、电视和雷达屏幕)，油标、油杯、设备标牌等。

(6)ABS塑料，是丙烯腈(A)、丁二烯(B)、苯乙烯(S)的三元共聚物，综合力学性能好，尺寸稳定性、绝缘性、耐水和耐油性、耐磨性好；长期使用易起层。ABS塑料用于制造齿轮，叶轮，轴承，把手，管道，储槽内衬，仪表盘，轿车车身，汽车挡泥板，电话机、电视机、电机、仪表的壳体，应用较广。

(7)聚甲醛(POM)。耐磨性、尺寸稳定性、着色性、减摩性、绝缘性好，可在-40～100℃长期使用；加热易分解，成形收缩率大。聚甲醛用于制造减摩、耐磨件及传动件(如轴承、滚轮、齿轮、绝缘件)，化工容器，仪表外壳，表盘等，可代替尼龙和有色金属。

2)热固性塑料

(1)酚醛塑料(PF)，俗称电木。强度、硬度、绝缘性、耐蚀性、尺寸稳定性好，工作温度>100℃；脆性大，耐光性差，只能模压成形，价格低。酚醛塑料用于制造仪表外壳，灯头、灯座、插座，电器绝缘板，耐酸泵，制动片，电器开关，水润滑轴承等。

(2)氨基塑料，俗称电玉。颜色鲜艳，半透明如玉，绝缘性好，长期使用温度<80℃；耐水性差。氨基塑料用于制造装饰件、绝缘件，如开关、插头、旋钮、把手、灯座、钟表外壳等。

(3)环氧塑料(EP)，俗称万能胶。强度、韧性、绝缘性、化学稳定性好，能防水、防潮、防霉，可在-80～155℃长期使用，成形工艺简便，成形收缩率小，黏结力强。环氧塑料用于制造塑料模具、仪表和电器零件、电子元件、线圈及用于涂覆、包封和修复机件。

10.1.2 橡胶

1. 橡胶的组成与性能

橡胶是以生胶为主要原料，加入适量配合剂而制成的高分子材料。

橡胶具有弹性大(最高伸长率可达800%～1000%，外力去除后能迅速恢复原状)，吸振能力强，耐磨性、隔声性、绝缘性好，可积储能量，有一定的耐蚀性和足够的强度等优点，其主要缺点是易老化。

2. 常用橡胶

(1)天然橡胶(NR)。天然橡胶弹性大，抗撕裂性和电绝缘性优良，耐磨性和耐候性良好，加工性佳，易与其他材料黏合，在综合性能方面优于多数合成橡胶。天然橡胶缺点是：耐氧和耐臭氧性差，容易老化变质；耐油和耐溶剂性不好，抵抗酸碱的腐蚀能力低；耐热性不高。天然橡胶使用温度为-60～80℃。天然橡胶制作轮胎、胶鞋、胶管、胶带、电线电缆的绝缘层和护套以及其他通用制品，特别适用于制造扭振消除器、发动机减振器、机器支座、橡胶-金属悬挂元件、膜片、模压制品。

(2)丁苯橡胶(SBR)。丁苯橡胶性能接近天然橡胶，是目前产量最大的通用合成橡胶，其特点是耐磨性、耐老化性和耐热性超过天然橡胶，质地也较天然橡胶均匀。丁苯橡胶缺点是：弹性较低，抗挠曲、抗撕裂性能较差；加工性能差，特别是自黏性差、生胶强度低。丁苯橡胶使用温度为-50～100℃。丁苯橡胶主要用以代替天然橡胶制作轮胎、胶板、胶管、胶鞋及其他通用制品。

(3)氯丁橡胶(CR)。氯丁橡胶具有优良的抗氧、抗臭氧性，不易燃，耐油、耐溶剂、耐酸碱以及耐老化、气密性好等优点；主要缺点是耐寒性较差，密度较大、相对成本高，电绝缘性不好，加工时易粘滚、易焦烧及易粘模，生胶稳定性差，不易保存。氯丁橡胶使用温度为-45～100℃。氯丁橡胶主要用于制造要求抗臭氧、耐老化性高的电缆护套及各种防护套、保护罩；耐油、耐化学腐蚀的胶管、胶带和化工衬里；耐燃的地下采矿用橡胶制品，以及各种模压制品、密封圈、垫、黏结剂等。

(4)硅橡胶(Q)。硅橡胶主要特点是既耐高温(最高 300℃)又耐低温(最低-100℃)，同时电绝缘性优良，对热氧化和臭氧的稳定性很高，化学惰性大；缺点是机械强度较低，耐油、耐溶剂和耐酸碱性差，较难硫化，价格较高。硅橡胶使用温度为-60～200℃。硅橡胶主要用于制作耐高低温制品(胶管、密封件等)、耐高温电线电缆绝缘层，由于其无毒无味，还用于食品及医疗工业。

(5)氟橡胶(FPM)。氟橡胶特点是耐高温，可达 300℃，耐酸碱，耐油性是橡胶中最好的，抗辐射、耐高真空性能好；电绝缘、力学性能、耐化学腐蚀、耐臭氧、耐大气老化性均优良。氟橡胶缺点是加工性差，价格高，耐寒性差，弹性、透气性较低。氟橡胶使用温度为-20～200℃。氟橡胶主要用于国防工业飞机和火箭上的耐真空、耐高温、耐化学腐蚀的密封材料、胶管或其他零件及汽车工业零件。

10.2　陶　瓷　材　料

陶瓷材料是用天然或合成化合物经过成形和高温烧结制成的一类无机非金属材料。它具有高熔点、高硬度、高耐磨性、耐氧化等优点，可用作结构材料、刀具材料。由于陶瓷还具有某些特殊的性能，又可作为功能材料。陶瓷在传统上是指陶瓷和瓷器，也包括玻璃、水泥、石灰、石膏和搪瓷等。这些材料都是用天然的硅酸盐矿物，如黏土、石灰石、长石、硅砂等原料生产的，所以陶瓷材料也称为硅酸盐材料。

10.2.1　陶瓷的分类与性能

1. 陶瓷的分类

按原料不同，陶瓷分为普通陶瓷和特种陶瓷；按用途不同，陶瓷分为日用陶瓷和工业陶瓷。

普通陶瓷又称传统陶瓷，其原料是天然的硅酸盐产物，如黏土、长石、石英等。这类陶瓷又称硅酸盐陶瓷，如日用陶瓷、建筑陶瓷、绝缘陶瓷、化工陶瓷等。

特种陶瓷又称近代陶瓷，其原料是人工合成的金属氧化物、碳化物、氮化物、硅化物、硼化物等。特种陶瓷具有一些独特的性能，可满足工程结构的特殊需要。

2. 陶瓷的性能

(1)力学性能：与金属相比，弹性模量大，硬度高，抗压强度高；但脆性大，抗拉强度低。

(2)热性能：熔点高、耐高温、热硬性高、热膨胀系数和导热系数小。

(3)化学性能：化学性质非常稳定、耐腐蚀、不会发生老化。

(4)电性能：大多数陶瓷绝缘性好。

10.2.2　常用工业陶瓷

1. 普通陶瓷

普通陶瓷质地坚硬、不氧化、不导电、耐腐蚀、成本低，加工成形性好；强度低，使用温度为1200℃。普通陶瓷广泛用于电气、化工、建筑和纺织行业，如受力不大，在酸、碱中工作的容器、反应塔、管道，绝缘件，要求光洁、耐磨、低速、受力小的导纱零件。

2. 氧化铝陶瓷

氧化铝陶瓷主要成分是Al_2O_3。氧化铝陶瓷的强度比普通陶瓷高2～6倍，硬度高(仅低于金刚石)；耐高温(氧化铝陶瓷可在1600℃时长期使用，空气中使用温度最高为1980℃)，高温蠕变小；耐酸、碱和化学药品腐蚀，绝缘性好。但是氧化铝陶瓷脆性大，不能承受冲击。氧化铝陶瓷用于制作高温容器(如坩埚)，内燃机火花塞，切削高硬度、大工件、精密件的刀具，耐磨件(如拉丝模)，化工、石油用泵的密封环，高温轴承，纺织机用高速导纱零件等。

3. 氮化硅陶瓷

氮化硅陶瓷化学稳定性好，除氢氟酸外，可耐无机酸(盐酸、硝酸、硫酸、磷酸、王水)和碱液腐蚀；抗熔融非铁金属侵蚀，硬度高，摩擦系数小，耐磨性好；绝缘性好；热膨胀系数小，高温抗蠕变性优于其他陶瓷；最高使用温度低于氧化铝陶瓷。氮化硅陶瓷用于制作高温轴承、热电偶套管、泵和阀的密封件、切削高硬度材料的刀具。例如，农用泵因泥沙多，要求密封件耐磨，原来用铸造锡青铜制作密封件与9Cr18钢对磨，寿命短，现用氮化硅陶瓷与9Cr18钢对磨，使用8400h，磨损仍很小。

4. 碳化硅陶瓷

碳化硅陶瓷高温强度大，抗弯强度在1400℃仍保持500～600MPa，热传导能力强，有良好的热稳定性、耐磨性、耐蚀性和抗蠕变性。碳化硅陶瓷用于制作工作温度高于1500℃的结构件，如火箭尾喷管的喷嘴，浇注金属的浇口杯，热电偶套管、炉管，汽轮机叶片，高温轴承，泵的密封圈。

5. 氮化硼陶瓷

氮化硼陶瓷有良好的高温绝缘性(2000℃时仍绝缘)、耐热性、热稳定性、化学稳定性、润滑性，能抗多数熔融金属侵蚀，硬度低，可进行切削加工。氮化硼陶瓷用于制作热电偶套管，坩埚，导体散热绝缘件，高温容器、管道、轴承，玻璃制品的成形模具。

10.3　复　合　材　料

复合材料是由两种或两种以上不同性质的材料，通过物理或化学的方法，在宏观(微观)上组成具有新性能的材料。

10.3.1　复合材料的分类与性能

复合材料的组成分为基体材料和增强材料。基体材料一般强度低、刚度小、韧性好，形成几何形状并起黏结作用；增强材料一般强度高、刚度大、较脆，起提高强度或韧性的作用。

1. 复合材料的分类

按基体不同，复合材料分为两类：非金属基复合材料和金属基复合材料。

按增强相的种类和形状不同，复合材料分为三类：颗粒复合材料、层叠复合材料和纤维增强复合材料。

按性能，复合材料分为结构复合材料、功能复合材料等。

2. 复合材料的性能

1) 比强度和比模量高

例如，碳纤维和环氧树脂组成的复合材料，其比强度是钢的 8 倍，比模量(弹性模量与密度之比)比钢大 3 倍。

2) 抗疲劳性能好

例如，碳纤维-聚酯树脂复合材料的疲劳强度是其抗拉强度的 70%～80%，而大多数金属的疲劳强度是其抗拉强度的 30%～50%。

3) 减振性能好

纤维与基体界面有吸振能力，可减小振动。例如，尺寸形状相同的梁，金属梁 9s 停止振动，碳纤维复合材料制成的梁 2.5s 就可停止振动。

4) 高温性能好

一般铝合金在 400～500℃时弹性模量急剧下降，强度也下降。碳或硼纤维增强的铝复合材料，在上述温度时，其弹性模量和强度基本不变。

此外，复合材料还有较好的减摩性、耐蚀性、断裂安全性和工艺性等。

10.3.2　常用复合材料

1. 纤维增强复合材料

1) 玻璃纤维增强复合材料(俗称玻璃钢)

按黏结剂不同，玻璃钢分为热塑性玻璃钢和热固性玻璃钢。

(1)热塑性玻璃钢。以玻璃纤维为增强剂，热塑性树脂为黏结剂。与热塑性塑料相比，当基体材料相同时，强度和疲劳强度提高 2～3 倍，冲击韧性提高 2～4 倍，抗蠕变能力提高 2～5 倍，强度超过某些金属。这种玻璃钢用于制作轴承、齿轮、仪表盘、收音机壳体等。

(2)热固性玻璃钢。以玻璃纤维为增强剂，热固性树脂为黏结剂。其密度小，耐蚀性、绝缘性、成形性好，比强度高于铜合金和铝合金，甚至高于某些合金钢；但刚度差，为钢的 1/10～1/5，耐热性不高(低于 200℃)，易老化和蠕变。这种玻璃钢主要制作要求自重轻的受力件，如汽车车身、直升机旋翼、氧气瓶、轻型船体、耐海水腐蚀件、石油化工管道和阀门等。

2) 碳纤维增强复合材料

碳纤维增强复合材料与玻璃钢相比，其抗拉强度高，弹性模量是玻璃钢的 4～6 倍。玻璃钢在 300℃以上，强度会逐渐下降，而碳纤维增强复合材料的高温强度好。玻璃钢在潮湿环境中强度会损失 15%，碳纤维增强复合材料的强度不受潮湿影响。此外，碳纤维增强复合材料还具有优良的减摩性、耐蚀性、导热性和较高的疲劳强度。

2. 层叠复合材料

层叠复合材料是由两层或两层以上不同材料复合而成的。用层叠法增强的复合材料可使强度、刚度、耐磨、耐蚀、绝热、隔声、减轻自重等性能分别得到改善。常见的层叠复合材料有双层金属复合材料、塑料-金属多层复合材料和夹层结构复合材料等。

3. 颗粒复合材料

颗粒复合材料是由一种或多种材料的颗粒均匀分散在基体材料内所组成的。金属陶瓷就是颗粒复合材料,它是将金属的热稳定性好、塑性好,高温易氧化和蠕变,与陶瓷脆性大、热稳定性差,但耐高温、耐腐蚀等性能进行互补,将陶瓷微粒分散于金属基体中,使两者复合为一体。例如,钨钴类硬质合金刀具就是一种金属陶瓷。

拓 展 阅 读

石墨烯——二维碳材料

石墨烯(Graphene)是一种由碳原子以 sp^2 杂化方式形成的蜂窝状平面薄膜,是一种只有一个原子层厚度的准二维材料,所以又称单原子层石墨。它的厚度大约为 0.335nm,根据制备方式的不同而存在不同的起伏,通常在垂直方向的高度为 1nm 左右,水平方向宽度为 10~25nm,是除金刚石以外所有碳晶体(零维富勒烯、一维碳纳米管、三维石墨)的基本结构单元。

很早之前就有物理学家在理论上预言,准二维晶体本身热力学性质不稳定,在室温环境下会迅速分解或者蜷曲,所以其不能单独存在。直到 2004 年,英国曼彻斯特大学物理学家安德烈·盖姆和康斯坦丁·诺沃肖洛夫用微机械剥离法成功从石墨中分离出石墨烯,证实它可以单独存在,对于石墨烯的研究才开始活跃起来,两人也因此共同获得 2010 年诺贝尔物理学奖。

石墨烯目前最有潜力的应用是成为硅的替代品,制造超微型晶体管,用来生产未来的超级计算机。用石墨烯取代硅,计算机处理器的运行速度将会提高数百倍。

一方面,石墨烯几乎是完全透明的,只吸收 2.3%的光。另一方面,它非常致密,即使是最小的气体分子(氦气)也无法穿透。这些特征使得它非常适合作为透明电子产品的原料,如透明的触摸显示屏、发光板和太阳能电池板。

作为目前发现的最薄、强度最大、导电导热性能最强的一种新型纳米材料,石墨烯称为"黑金",是"新材料之王",科学家甚至预言石墨烯将"彻底改变 21 世纪",极有可能掀起一场席卷全球的颠覆性新技术新产业革命。

本 章 小 结

(1)在机械工程中常用的非金属材料主要包括高分子材料、陶瓷材料和复合材料。

(2)高分子材料是以高分子化合物为主要组分的材料。机械工程中使用的高分子材料主要是人工合成的有机高分子聚合物(简称高聚物),如塑料、合成橡胶、合成纤维、涂料和胶黏剂等。

(3)塑料是以合成树脂为主要成分,加入一些用来改善使用性能和工艺性能的添加剂而制成的高分子材料。按照塑料的热性能不同可分为热塑性塑料和热固性塑料。常用的热塑性塑料包括聚乙烯(PE)、聚氯乙烯(PVC)、聚丙烯(PP)、聚酰胺(PA)、聚甲基丙烯酸甲酯(PMMA,俗称有机玻璃)、ABS 塑料、聚甲醛(POM)等;常用的热固性塑料包括酚醛塑料(PF,俗称电木)、氨基塑料(俗称电玉)、环氧塑料(EP,俗称万能胶)。

(4)橡胶是以生胶为主要原料,加入适量配合剂而制成的高分子材料。常用橡胶包括天然橡胶(NR)、丁苯橡胶(SBR)、氯丁橡胶(CR)、硅橡胶(Q)、氟橡胶(FPM)。

(5)陶瓷材料是用天然或合成化合物经过成形和高温烧结制成的一类无机非金属材料。常用工业陶瓷包括普通陶瓷、氧化铝陶瓷、氮化硅陶瓷、碳化硅陶瓷、氮化硼陶瓷。

(6)复合材料是由两种或两种以上不同性质的材料,通过物理或化学的方法,在宏观(微观)上组成具有新性能的材料。常用复合材料包括纤维增强复合材料、层叠复合材料、颗粒复合材料。

思考与练习

10.1　什么是高分子材料?它有哪些种类?

10.2　什么是塑料?塑料有何性能特点?塑料如何进行分类?

10.3　什么是热塑性塑料与热固性塑料?常用的热塑性塑料与热固性塑料包括哪些?

10.4　什么是橡胶?橡胶有何性能特点?橡胶如何进行分类?

10.5　什么是陶瓷?陶瓷有何性能特点?陶瓷如何进行分类?

10.6　什么是复合材料?复合材料有何性能特点?复合材料如何进行分类?

参 考 文 献

刘德力，2009. 金属工艺学[M]. 北京：科学出版社

人力资源和社会保障部教材办公室，2011. 金属材料与热处理[M]. 北京：中国劳动社会保障出版社

司乃钧，许德珠，2005. 金属工艺学[M]. 北京：高等教育出版社

王霞，李占君，2015. 金属材料与热处理[M]. 广州：华南理工大学出版社

杨巧宁，2007. 金属工艺学[M]. 北京：科学普及出版社

郁兆昌，2006. 金属工艺学[M]. 北京：高等教育出版社